饲草产业高质量发展轻简技术丛书

# 燕麦栽培技术

YANMAI

ZAIPEI JISHU

陶 雅 林克剑 等 著

U0257260

中国农业出版社

北 京

# 《燕麦栽培技术》

YANMAI ZAIPEI JISHU

## 作者名单

陶 雅　林克剑　李 峰　余奕东

徐丽君　柳 茜　郝林凤　韩春燕

齐丽娜　李建忠

# 前言
## PREFACE

燕麦是我国重要的一年生饲草或饲料作物，不仅营养体是牛、马、羊等草食家畜的优良饲草，而且籽实也是很好的家畜饲料（尤其是饲马）。燕麦抗逆性强，适应性广，在我国各地均可栽培。燕麦耐寒抗旱，可适应寒旱区、半干旱区、干旱区的气候；生长快，生育期短，在春闲田、秋闲田、冬闲田（简称"三闲田"）均能栽培；耐瘠薄，对土壤要求不严，在沙地、边缘地、撂荒地和退耕地等均可种植；对水分要求不严，在旱地、下湿地、水浇地均能生长；耐低温、耐干热，对温度要求不严，在高寒冷凉山区、平原区、干热河谷区等也能生长。因此，燕麦产业在我国悄然兴起，正在快速发展。

随着我国畜牧业高质量快速发展，特别是奶牛养殖业持续、绿色、健康的高质量发展，对优质饲草的需求量也越来越大，对质量的要求也越来越高。为适应畜牧业高质量发展对饲草的高要求，特别是对高质量燕麦草的需求以及基于燕麦产业高质量栽培中急需的关键技术，中国农业科学院创新工程牧草栽培与加工团队从 2010 年开始聚焦燕麦产业发展中存在的重大问题、关键需求、"卡脖子"技术，以增加我国燕麦整体供给能力和提高燕麦饲草品质为己任，以提升服务燕麦产业技术需求能力和增强支撑燕麦产业高质量发展的能力为创新宗旨，先后在新疆、甘肃、青海、宁夏、内蒙古、黑龙江、河北、山东、四川、云南、湖南、海南等省份的 34 个县（市、区）进行了燕麦栽培利用关键技术的研究。主要研究内容：一是燕麦品种生物学特性及适应性研究与评价；二是燕麦提质、增产、增效、增值的高质量栽培关键技术与智能化管理研究；三是"三闲田"燕麦高效种植模式研究；四是不同生态区燕麦营养价值评价及大数据平台建设；五是燕麦良种繁育关键技术研究。《燕麦栽培技术》就是在此研究基础上，对其理论和技术要素进行梳理和总结，也是创新团队十几年燕麦研究成果的展示。

在燕麦研究过程中得到重点科研机构的支持和众多项目的资助，主要包括内蒙古"科技兴蒙"行动重点专项"鄂尔多斯市现代农业节水和水肥精准调控利用技术研究与示范（KJXM-EEDS-2020010）"，云南"科技入滇"项目"乌蒙山区燕麦提质增效与产品研发关键技术研究与示范（202003AD150016）"和"云南省徐丽君专家工作站（202005AF150074）""黑龙江优质牧草高产栽培关键技术研究（ZAHD20201118170）"，"中国农业科学院创新工程（CAAS-ASTIP-IGR2016-02）"，中国工程院"高原特色农业产业在会泽、澜沧县示范与推广（2018-XY-75）"和"乌蒙山区特色燕麦产业发展研究（2020-XY-86）"、内蒙古科技重大专项"沙地生态系统近自然修复技术研究及产业化示范（2019ZD007）"，以及"农业农村部饲草高效生产模式创新重点实验室"和"农业农村部人工草地生物灾害监测与绿色防控重点实验室"等，在此表示感谢。

本书主要介绍了栽培燕麦的起源、燕麦在农牧业中的作用及其生产现状、燕麦的适应性、燕麦种植模式及生产性能、燕麦种植管理技术及燕麦良种繁育技术等。由于我们经验不足，研究比较肤浅，有些问题的研判不够准确，对技术的应用不够恰当，书中不妥或错误之处在所难免，敬请读者批评指正。

著　者

2022 年 1 月

# 目录
CONTENTS

# 第一章

# 古代栽培燕麦的起源与种植

燕麦是传统的禾谷类粮饲兼用型作物，广泛分布于欧洲、亚洲、非洲的温带地区。燕麦在世界禾谷类作物中，总产量仅次于小麦、水稻、玉米、大麦，位列第五位。俄罗斯种植面积最大，其次是美国、加拿大，澳大利亚、法国、德国、波兰、瑞典、挪威等国家也较多种植。

燕麦主要分布在北半球北，我国是世界上燕麦栽培面积最大的国家之一，华北、西北、西南高寒冷凉区均有种植，主要分布在山西、河北、内蒙古3个省份的高寒地带，占全国燕麦种植总面积的70%。其次在陕西、甘肃、宁夏、青海4个省份的六盘山南北、祁连山东西、秦巴山区以及四川、云南、贵州3个省份的大、小凉山及乌蒙山区的高海拔地带也有种植，约占燕麦种植总面积的30%。近年来，随着人工种草和奶业的发展，燕麦开始在农区和农牧交错区规模化种植，产业化发展很快，已成为这些地区的重要饲草产业。

## 第一节　栽培燕麦的起源

### 一、国外栽培燕麦

燕麦是禾本科一年生植物（图1-1），是重要的饲草、饲料作物，分布于全世界五大洲76个国家，主要分布在亚洲、欧洲、北美洲的北纬40°以北地区，南半球的澳大利亚、新西兰和巴西也有较大规模种植。燕麦疑为北欧最初开始栽培的，野生燕麦（*Avena fatua*）分布极广，其范围北起喀尔巴阡（Carpathian）山脉之北的加利西亚（Galicia），横断欧、亚洲，穿过俄罗斯和土耳其斯坦，而直达兴都库什山脉（Hindu kush Mountains）。在南方，一直分布到高加索山脉（Caucasus）的山坡和科佩特山脉（Kopet-Dag）。一般认为燕麦是在公元纪年之初，由条顿部族（Teutonic tribes）在德国北部平原上开始栽培的。因为在罗马帝国没落之前，在地中海沿岸尚未发现有栽培燕麦的证据。但德康多尔（1940）认为，最早栽培燕麦的地方是意大利与希腊以北诸邦，其后传至南方的罗马帝国。燕麦在小亚细亚的栽培历史亦十分悠久，因格林氏（Galen）曾在帕加姆斯（Pergamus）的密细亚（Mysia）广泛栽培燕麦，用作饲料。于景让（1972）指出，R.C.Clay 博士在威尔特郡（Wiltshire）的 Fifield Bavant 地下洞居中发现的颖果中混有燕麦。这个地下洞居的时代，是在公元前 500—前 400 年，故在北方地带种植燕麦要比普遍认知的早。但于景让又指出，Vaviloy 认为从伊朗到巴斯克地区（Basque）的许多地方，燕麦是混杂在二粒小麦（Emmer）田间的杂草。故在 Fifield Bavant 所发现的燕麦，或许并不出自于栽培，而只是混杂在二粒小麦中间的杂草。可以看出，欧洲的栽培燕麦来自于野生燕麦，并且欧洲的燕麦以皮燕麦为主（图 1-1）。

作物的发源地应是基本品种多样性最集中的地方。作物本身应具有较多的显性基因，类型极为丰富，地理条件应多为山区、岛屿或隔离区。研究发现，各类作物通常起源于几个地区、几个发源地或中心。这些作物常常有明显不同的生理特性和染色体数目，这一点，对燕麦尤为明显，可以清楚厘清燕麦的基本分布。瓦维洛夫（1982）认为："有的属更为复杂，例如燕麦。有趣的是，不同的燕麦种染色体数目不同，有各自不同的发源地，其产生和二粒小麦及大麦单独的地理类群有关。随着古代二粒小麦栽培的向北推移，和这种作物一起带来的杂草（燕麦）排挤了二粒小麦，成了独立的作物。育种家在寻找燕麦新类型、新基因时，应该特别注意古代二

图 1-1　燕麦全株

粒小麦栽培发源地，它是栽培燕麦最大的和原始的多样性基因的保存地。"他在《世界主要栽培作物八大起源中心》中指出，栽培燕麦与地中海燕麦（*Avena byzantina*）起源于前亚，即高加索、伊朗山地、土库曼与小亚细亚地区，砂燕麦（*Avena strigosa*）起源于地中海（比利牛斯）。

## 二、国内栽培燕麦

燕麦在我国已有相当长的栽培历史。考古发现在甘肃天水西山坪遗址曾出土过距今 4 600 多年的燕麦遗存（李小强等，2007）。在我国青海湟水中游海东的红崖下阴坡遗址也曾出土过距今约 3 000 年的燕麦（贾鑫，2012）。我国是栽培燕麦的起源地之一，它起源于野生燕麦。孙醒东（1951）认为，燕麦由野生燕麦演化而来。野生燕麦经过长时间种植后，其易脆的关节、毛及芒等逐渐消失，而变为燕麦栽培种矣。

野生燕麦在我国南北各地均有分布，特别是在华北北部长城内外和青藏高原地区。古乐府中的"道边燕麦，何尝可获？"即指野生燕麦。野燕麦对生长条件要求不高，具有较短的生育特征，种子在短期内成熟，经常与农作物混同生长在田间，株高粒大，完全处于栽培状态，其不同之处在于当它快要成熟时，子实全部脱落。由于它繁殖力强、生长快，常以压倒优势侵占全田，被人们视为一种恶性杂草。另外，野生燕麦不仅能适应高寒气候，且具有耐瘠薄的特性。这些特性在生产过程中逐渐被当地居民注意、认识。当大田作物不能适应环境或遇到的灾害时，野生燕麦就很快被人们栽培利用起来，代替了那些不能适应环境的农家作物。随着栽培条件的改变，野生燕麦经过几年的细心培育和选择，逐渐变成与栽培型差不多相似的类型。通过栽培驯化，野生燕麦的脱粒性转变为非脱粒性，不仅可以食用，还可以作为饲料，此时，野生燕麦就变成了如今的栽培型燕麦（李璠，1979，1984）（图1-2）。

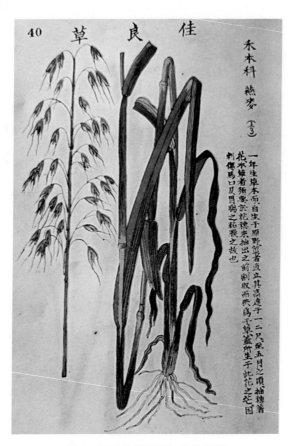

图1-2　《牧草图谱》中的燕麦

# 第二节　我国古代燕麦种植分布

## 一、北方燕麦种植

我国北方自古代起便是燕麦的主产区，古时的北京、河北、山西、陕西、内蒙古和青海均有燕麦种植（表1-1）。

表1-1　我国古代燕麦种植分布

| 朝代 | 种植地 | 描述 | 出处 |
|---|---|---|---|
| 唐 | 幽州、妳州、檀州 | 唐代幽、妳、檀三州地区农作物，主要有粟、小麦、水稻、胡麻、豌豆、大麦、穬麦（即燕麦）、荞麦等 | 于德源，北京农史 |
| 明 | 延绥镇、商州、山阳县 | 有老燕麦、小燕麦二种小燕麦生山坡（《商州志》）。燕麦粒细长似菰米宜山地不宜肥（《山阳县志)》 | 赵廷瑞，陕西通志 |
| 明 | 汾州 | 汾州南诸属亦有春种大麦，名春大麦，又麦之别种，曰燕麦，俗称莜麦。夏秋种，性寒，宜边地。太原大同朔平宁武及吉隰泽汾近属胥有之，曰荞麦，秋种，有红、黑、斑三种。谚曰：中秋有月，则荞麦多实。诸属胥有之 | 李维桢，山西通志 |
| 清 | 遂州 | 元《遂州道中》：迢迢古河堤，隐隐若城势。古来黄河流，而今作耕地。都邑变通津，沧海化为尘。堤长燕麦秀，不见筑堤人 | 黄彭年，畿辅通志 |
| 清 | 定襄县 绛州 西凉县 | 定襄县物产，大麦、小麦、荞麦、油麦、燕麦<br>绛州物产麦之属大麦，有芒芽可为饴糖。小麦有芒，无芒种甚多。荞麦、燕麦炒以为糇，可食<br>西凉县土产大麦、黑大麦、䴿麦、燕麦 | 鄂尔泰、张廷玉，钦定授时通考 |
| 清 | 青海 | 青海向为蒙、番牧薮，久禁汉、回垦田，而壤沃宜耕者不少。曩年龚尧定议开屯，发北五省徒人能种地往布隆吉尔兴垦。最后庆恕主其事，以番族杂居，与纯全蒙地殊异，极陈可虑者五端。嗣又劝导蒙、番各族交地，以资拓殖，无论远近汉民皆得领，惟杜绝回族，以遏乱萌。于是开局放荒，黄河以南出荒万余亩，迤北至五万余亩。又虑其反复也，募实兵额，分留以镇眷之。番地僻，山峻且寒，仅燕麦菜籽，虽岁穫，亩收不过升四五，课务取轻，以次推行 | 北洋政府设馆编修，清史稿 |
| 清 | 归绥（呼和浩特） | 燕麦穗细小，子小，去皮作面，可救饥。……雁门一带亦间呼为燕麦 | 张曾，归绥识略 |

## 二、云贵川燕麦种植

明隆庆六年（1572年）邹应龙纂修的《云南通志》中记载：麦有小麦、大麦、燕麦、玉麦、西方麦数种。说明在明代云南就有燕麦种植。清陈元龙在《格致镜原》指出，在云南滇南霑益（今沾益）可以看到燕麦，"升庵外集古乐府云，田中燕麦，何尝可获，言虚名无用也。然燕麦，滇南霑益一路有之土人，以为朝夕常食，非虚名也。"

清《贵州通志》也记载了燕麦："麦有小麦、大麦、燕麦、荍麦数种。"清《遵义府志》记载："燕麦，俗呼香麦，又呼油麦。作饼，人珍食之。并八月种，四月收。惟香麦种收稍迟。"这说明在遵义，燕麦一般在农历八月播种，在第二年农历四月收割。并指出燕麦的播种收割要比其他麦类作物稍晚。

四川郫县为传统燕麦种植区，据清嘉庆十八年（1813年）县令朱鼎臣主持编纂的《郫县志》记载："燕麦，俗名油麦，只可饲牛，不堪人食。"

# 第二章

# 燕麦在农牧业中的作用及其发展现状

## 第一节　燕麦在农牧业中的作用与地位

### 一、燕麦是优质饲草和饲料

燕麦是我国主要的禾本科一年生饲草饲料兼用型植物。燕麦具有抗干旱、环境适应能力强、产量稳定等特点，可分为皮燕麦（*Avena sativa*）和裸燕麦（*Avena nuda*，即莜麦）。其中，皮燕麦也被称为有壳燕麦和饲用燕麦，主要用于生产籽实精饲料和饲草。饲用燕麦在畜牧业发达的地区被广泛应用，目前在北半球温带地区被广泛种植，是某些地区畜牧业枯草季的主要饲料来源。除了种植优势，饲用燕麦营养价值非常高。

燕麦干草是奶牛生产中非常难得的粗饲料品种。由于燕麦品质好、产量高、营养丰富、物美价廉，近几年被规模应用于我国奶牛养殖生产。研究表明，品质高、适口性好的牧草不易使奶牛出现代谢障碍，同时牧草中优质的蛋白质对奶牛生殖系统的健康发育起着重要作用。优质的燕麦干草具有纤维消化性好、相对饲用价值高等优势，在奶牛日粮的调配中能发挥非常重要的作用。奶牛属于大型草食动物，较单胃动物及家禽对纤维饲料具有更大的消化利用能力，因此无论采用何种日粮配制方法，只有当粗饲料占据适当的比例，才会使奶牛发挥出最大的生产效益。美国奶牛日粮中优质粗饲料所占的比例为60%～70%，而我国大型牧场粗饲料占比为45%～50%，甚至有些牧场为了追求超高产量，粗饲料在日粮中长期只占40%，其结果是导致奶牛淘汰率增高，平均利用年限仅2.5胎，而且奶产量也不能连续维持高水平。所以饲养者要遵循奶牛的生理习性，科学利用粗饲料饲养奶牛。燕麦草含有高水平的有效纤维、高浓度的水溶性碳水化合物（≥15%），含糖量也较高（可达20%），适口性好，吸收消化效果好，较适用于犊牛、泌乳牛，因其钾、钙含量较低，尤其适用于干奶牛和围产期奶牛，是一种非常难得的优质禾本科粗饲料。

此外，燕麦的籽实是马的优良饲料，亦是马的重要精料。燕麦粉、秸秆等是牛和其他家畜的良好饲料。

## 二、燕麦是寒旱区重要的饲草作物

我国北方寒旱区面积占国土面积的 56%，占全国耕地面积的 51%。燕麦具有耐瘠、耐寒、耐旱的生物学特性，须根发达，分蘖能力强，抗病虫害、抗杂草等能力比较强，种植燕麦能有效阻遏水土流失，减少无效蒸发和地表径流，在荒沟、荒坡以及高寒冷凉地区均可种植。且燕麦具有易管理的特性，使其成为我国寒旱区的主要优势作物，特别是在农牧交错地区，已成为饲草产业的重要草种。燕麦作为我国饲草产业的重要草种，近几年在我国寒旱区得到长足发展，寒旱区已成为我国燕麦饲草产业的优势产区，如内蒙古的科尔沁草原区、黄河中游流域区，甘肃河西走廊等地。

## 三、燕麦倒茬轮作周期短

燕麦生长速度快，根系发达，短期内产量较高。因为燕麦生活力强，对杂草的竞争力也较强，无须大量施肥，任何作物均可作为前茬，尤以在施肥的中耕作物和秋播作物之后种植为宜。由于燕麦对氮有易感性，凡是能使土壤增加氮素的作物，都是燕麦的良好前茬作物，如多年生豆科牧草——苜蓿、三叶草，以及一年生豆科牧草——豌豆、箭筈豌豆等。在连种大麦、小麦产量下降时，改种燕麦，可获得良好效果。施肥并精细除草的中耕作物，特别是马铃薯，都属于对燕麦有价值的前茬作物。因此，在更适合于马铃薯种植的地区，燕麦是极好后茬作物。

目前，苜蓿＋燕麦、马铃薯＋燕麦、燕麦＋向日葵等为较好的轮作模式。另外，燕麦是旱地、瘠薄地、撂荒地、退耕地及"三闲田"（春闲田、秋闲田和冬闲田）等的有效作物。

## 四、燕麦是改变"三闲田"种植制度的优势作物

### （一）春闲田燕麦

近几年，由中国农业科学院草原研究所牧草栽培与加工利用创新团队研究的"三闲"燕麦种植技术得到广泛应用。内蒙古黄河中游流域为我国向日葵主产区，特别是河套灌区，有向日葵之乡的美誉，每年种植面积 300 多万亩（1亩约为 667m²）。一般向日葵在 6 月中下旬播种，向日葵播种前地块闲置，地表裸露，春季少雨多风，气候干燥，地表蒸发量大，河套灌区为内陆盐碱地区，水分散失使大量盐分聚积在地面，出现春季返盐现象。河套灌区燕麦顶凌播种，一般在 3 月 20—25 日播种，4 月 5 日前后出苗，到 6 月 10 日前收割，期间有 70d 的生长期，春燕麦可长至灌浆期，干草产量在 650～750kg/亩。春闲田种植燕麦，不仅有效地提高了土地利用率，增加了地面覆盖，使地面蒸发

减少，起到防止春季返盐的作用，而且通过改变种植模式，改变了河套灌区一年一茬作物的传统种植制度，实现了一年两茬的种植制度。另外，春末夏初，河套灌区气温高，降雨少，收获后可调制出优质燕麦干草。

## （二）秋闲田燕麦

内蒙古河套灌区是我国春小麦的主要产区，每年春、夏小麦种植面积100万～150万亩。小麦顶凌播种，一般7月中下旬收割。小麦收割后，8月至10月中下旬大量的麦地闲置。夏秋季河套灌区气温高，少雨，蒸发量极大，地表蒸发强烈，地下盐分随水蒸发到地表，造成秋季返盐。7月底至8月初，在麦后空闲地上播种燕麦后，使地表覆盖度增加，减少了地表蒸发，从而抑制了秋季返盐现象的发生，同时也增加了饲草产量。秋季河套灌区气温较高，有利于燕麦生长，到10月中旬燕麦可长到灌浆至乳熟期，干草产量为750～850kg/亩，产量高的可达1 000kg/亩。收获的燕麦既可用于调制干草，也可青贮。利用秋闲田种植燕麦，实现了一年两收，改变了长期河套灌区一年一收的局面。

## （三）冬闲田燕麦

马铃薯、玉米、荞麦等为云贵川高原，特别是乌蒙山区的优势农作物。这些作物都实行春种秋收，土地冬季闲置的种植模式，冬闲田资源丰富。从2013年开始，中国农业科学院唐华俊院士专家团队先后在四川凉山州的西昌、布拖、昭觉和云南曲靖市的会泽进行冬闲田燕麦试验研究与示范推广，到2020年，在会泽县累积推广冬闲田燕麦达15万亩。

在会泽县建立燕麦产业推进山区粮经复合、种养循环、林草融合等模式的农业示范区，为曲靖市高寒冷凉地区找到了一条高原特色农业发展、生态与农业协调发展、促进贫困户脱贫增收的新路子。秋燕麦＋夏马铃薯种植模式，主要是在10月下旬至11月初种燕麦，在翌年6月初种马铃薯，马铃薯之后再种燕麦，形成秋燕麦—夏马铃薯—秋燕麦的循环往复。通过改变种植节令，不仅提高了燕麦产量，而且增加了马铃薯的产量。秋燕麦＋夏马铃薯种植模式是种植模式的变革，是农业科技的创新，也是科技成果落地的体现。该种植模式，一是使会泽高寒冷凉山区由传统的一年一茬，变为一年两茬，提高了复种指数和土地的利用率；二是充分利用冬闲田种植燕麦，不会造成燕麦与主要作物争用耕地的问题；三是增加了冬闲田的覆盖率，减少了面源污染（燕麦、马铃薯均不使用地膜），改善了生态环境；四是为发展燕麦、马铃薯产业，实现"种好一亩地，脱贫一个人"的目标趟出一条新路。另外，会泽县地处高寒冷凉地区，地下水资源贫乏，冬、春季干旱，夏、秋季雨水丰沛，种植燕麦不仅可以解决雨养条件下养殖业牧草问题，还可以有效协调农业生态和可持续发展问题。燕麦出苗后有45～60d的蹲苗期，根系充分发育，形成了强大的根系，增加了抗寒能力，同时也增加了燕麦的分蘖数，这可能是燕麦高产的原因之一。冬闲田燕麦可以提升南方饲草生产能力，扭转长期"北草南调"和饲草生产"北强南弱"的局面。

利用"三闲田"生产燕麦，避免了燕麦种植与主要作物争地的矛盾，使传统农业区一年一熟的种植模式变为一年两熟，改变了这些地区的种植制度和种植观念，助推种植新模式、新技术和新业态的产生，具有广泛的应用前景。

## 第二节　燕麦发展现状

### 一、国外燕麦种植历史背景与现状

世界各国生产燕麦以皮燕麦为主，大多数饲用，少数食用。在 20 世纪 30—40 年代，燕麦是全世界农作播种面积的第四位，1938—1940 年内平均种植面积为 6 500 万 $hm^2$（1$hm^2$=15 亩），在谷类作物中列于小麦、玉米、水稻之后。苏联在 1940 年种植燕麦 2 030 万 $hm^2$，将近世界燕麦种植面积的 32%，按照燕麦种植面积来说，苏联占世界第一位。1938—1940 年，国外燕麦的种植面积如下：

美国 1 500 万 $hm^2$ 以上、加拿大 500 万 $hm^2$ 以上、法国 320 万 $hm^2$、德国 270$hm^2$、波兰接近 250 万 $hm^2$、英国约 100 万 $hm^2$。燕麦种植面积不足 100 万 $hm^2$ 或略多于 50 万 $hm^2$ 的有下列国家：阿根廷、澳大利亚、捷克斯洛伐克、瑞典、罗马尼亚、西班牙等。燕麦种植面积较少的国家：芬兰、意大利、丹麦、南斯拉夫、奥地利、土耳其、比利时等。

到 2014 年，全世界燕麦种植面积约为 1 150 万 $hm^2$，主要的燕麦生产国家为俄罗斯、加拿大、澳大利亚等。从表 2-1 可以看出，世界上燕麦种植面积最大的国家为俄罗斯，2010—2014 年平均收获面积为 282.12 万 $hm^2$，2014 年为 309.07 万 $hm^2$，占全世界种植面积的 26.88%；其次为加拿大，2014 年收获面积为 91.27 万 $hm^2$，占全世界种植面积的 7.94%。

表 2-1　主要燕麦种植国家 2010—2014 年燕麦收获面积

单位：万 $hm^2$

| 国家 | 2010 年 | 2011 年 | 2012 年 | 2013 年 | 2014 年 | 平均 |
|------|---------|---------|---------|---------|---------|------|
| 俄罗斯 | 222.76 | 293.74 | 285.22 | 299.79 | 309.07 | 282.12 |
| 加拿大 | 90.61 | 102.96 | 98.46 | 112.64 | 91.27 | 99.19 |
| 澳大利亚 | 85.01 | 82.60 | 73.11 | 69.90 | 70.80 | 76.28 |
| 美国 | 51.11 | 38.00 | 42.29 | 41.68 | 41.64 | 42.94 |

注：数据来自于联合国粮农组织统计数据库。

## 二、国内燕麦生产现状

20世纪50年代，我国以生产裸燕麦为主，多数食用，少量饲用。燕麦种植面积约为200万 hm²。2000年前后，我国燕麦种植面积缩减到30万 hm²。21世纪以后，燕麦草的饲用价值和燕麦籽实的营养保健功能逐渐被人们所认识，燕麦种植面积迅速扩大。2012年，我国燕麦种植面积猛增到70万 hm²，主要分布在华北、西北、西南、东北等地区。

随着我国奶业的快速发展，饲用燕麦也得到长足的发展，到2010年，饲用燕麦种植面积已达262.51万亩，饲草产量（干草）达105.98万 t，在之后的几年中，燕麦产业得到快速发展，到2016年，全国饲用燕麦种植面积达到503.60万亩，饲草产量达264.84万 t（表2-2、表2-3）。

表2-2 2010—2016年全国饲用燕麦种植面积及产量情况

| 年份 | 种植面积（万亩） | 产量（万 t） |
|---|---|---|
| 2010 | 262.51 | 105.98 |
| 2011 | 370.32 | 115.79 |
| 2012 | 316.13 | 209.94 |
| 2013 | 383.96 | 184.16 |
| 2014 | 462.68 | 253.27 |
| 2015 | 498.81 | 274.36 |
| 2016 | 503.60 | 264.84 |

表2-3 2016年全国燕麦生产量情况

单位：万 t

| 地区 | 总产 | 地区 | 总产 |
|---|---|---|---|
| 天津 | 0.49 | 重庆 | 0.39 |
| 河北 | 0.10 | 四川 | 11.87 |
| 山西 | 0.03 | 云南 | 3.41 |
| 内蒙古 | 41.43 | 西藏 | 8.92 |
| 辽宁 | 0.60 | 陕西 | 0.08 |
| 安徽 | 2.24 | 甘肃 | 62.56 |
| 山东 | 0.18 | 青海 | 114.85 |
| 河南 | 1.01 | 宁夏 | 13.03 |
| 湖北 | 0.21 | 新疆 | 2.04 |
| 湖南 | 1.32 | 兵团 | 0.08 |
|  |  | 合计 | 264.84 |

从 2015 年各省份燕麦种植面积看，青海面积最大，约占全国总面积的 29.47%；四川第二，约占全国总面积的 22.79%；甘肃第三，约占全国总面积的 18.17%；3 个省份总计占全国总面积的 70.43%（图 2 - 1）。

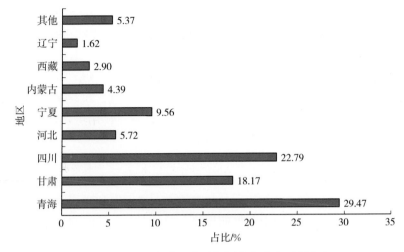

图 2 - 1 2015 年全国各地饲用燕麦生产面积分布

从 2016 年各省份燕麦干草生产量看，生产量最高的为青海，约占全国燕麦干草生产总量的 43.37%；甘肃第二，约占 23.62%；内蒙古第三，约占 15.64%；3 个省份干草生产总量约占全国总量的 82.63%（图 2 - 2）。

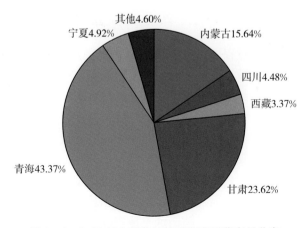

图 2 - 2 2016 年全国各地饲用燕麦干草产量分布

# 第三节 燕麦生产中存在的问题

## 一、品种培育滞后

我国饲用燕麦品种培育严重滞后，新品种数量少，品种创新力不强。与老品种相比，新品种产量和质量性状优越性不明显；与国外燕麦品种相比，不论在产量上，还是在质量上均存在一定的差距。导致目前生产上，一是可选择的国内燕麦品种少，主要选用青海系列的饲用燕麦品种，该系列品种在耐寒耐旱、耐瘠薄和耐粗放管理等方面具有一定的优势，但由于大多数为老品种，混杂现象严重；二是对国外燕麦品种依存度越来越高，与国内燕麦品种相比，外国燕麦品种需要较好的水肥条件，其优良性状才能表现出来；三是缺乏抗倒伏燕麦品种，燕麦饲草以收获营养体为主，为了获得高产，需要植株生长高大，茎叶发达，往往在燕麦抽穗之后，也就是北方进入雨季之时，随着燕麦灌浆—乳熟，燕麦上部，特别是穗部的重量越来越大，遇下雨刮风，很容易使燕麦倒伏。燕麦的倒伏已成为生产中常见的现象，或长期存在的问题，对燕麦的产量和质量影响较大。

## 二、栽培管理粗放

燕麦种植中品种杂、乱、差现象严重又普遍，在种植管理方面，缺乏规范化、标准化的优质高产栽培技术，单位面积产量低、饲草品质差的现象依然存在。

## 三、小型机械缺乏

在我国燕麦产业化过程中，机械设备起到了决定性作用。从播种到割草，再到打捆，都少不了机械设备。然而，在我国燕麦产业机械化过程中，从播种机到割草、翻晒机，再到打捆机等，均以国外机械为主，常见美式装备、德式装备或法式装备。一方面，这些机械在提高我国燕麦产业机械化程度方面发挥了重要作用，但另一方面，也使我国燕麦生产的机械成本显著提高，而且这些大型机械无法适应我国丘陵山区小块地的燕麦种植。我国可供燕麦种植平坦、成规模的大块地资源较少，特别是南方，更少。小型机械的缺乏，严重制约着丘陵山区燕麦产业的发展，而燕麦又是适宜我国丘陵山区栽培的饲草，特别是南方（如云南、贵州、四川）丘陵山区土地资源丰富，极易发展燕麦产业，但由于缺乏小型机械，导致这些地区燕麦生产中机械程度低，产业化程度差，燕麦种植业徘徊不前。

# 第三章

# 燕麦产业发展的优势与制约因素

## 第一节　燕麦产业发展优势

### 一、自然条件优势

从资源条件而言，我国具有丰富的光热和土地资源，特别是北方的农牧交错带和南方的丘陵山区，是燕麦的优质高产带。饲用燕麦主要以生产茎、叶等植物营养体为目的，不以生产籽实为目的，因而可以不受生长季节、光照强度、日照时间、所处纬度及海拔高度的严格限制，生产上可以广泛选择适当的品种。北方的春闲田、秋闲田及南方的冬闲田土地资源丰富，光热条件适宜燕麦生长，土地成本低，进行"三闲田"燕麦生产具有很好的经济效益和生态效益，发展潜力巨大。

### 二、政策优势

在国家政策方面，从表3-1可以看出，近几年国家对包括燕麦在内的饲草发展的重视和支持情况。

表3-1　燕麦等饲草相关的国家政策文献

| 年份 | 内容 | 文件出处 |
| --- | --- | --- |
| 2015 | 加快发展草牧业，支持青贮玉米和苜蓿等饲草料种植，开展粮改饲和种养结合模式试点，促进粮食、经济作物、饲草料三元种植结构协调发展 | 2015年中央1号文件《关于加大改革创新力度加快农业现代化建设的若干意见》 |
| 2017 | 饲料作物要扩大种植面积，发展青贮玉米、苜蓿等优质牧草，大力培育现代饲草料产业体系。……继续开展粮改饲、粮改豆补贴试点 | 2017年中央1号文件《关于深入推进农业供给侧结构性改革加快培育农业农村发展新动能的若干意见》 |
| 2018 | 促进优质饲草料生产。推进饲草料种植和奶牛养殖配套衔接，就地就近保障饲草料供应，实现农牧循环发展。建设高产优质苜蓿示范基地，提升苜蓿草产品质量，力争到2020年优质苜蓿自给率达到80%。推广粮改饲，发展青贮玉米、燕麦草等优质饲草料产业，推进饲草料品种专业化、生产规模化 | 《国务院办公厅关于推进奶业振兴保障乳品质量安全的意见》（国办〔2018〕43号） |

（续）

| 年份 | 内容 | 文件出处 |
|---|---|---|
| 2020 | 健全饲草料供应体系。因地制宜推行粮改饲，增加青贮玉米种植，提高苜蓿、燕麦草等紧缺饲草自给率，……推进饲草料专业化生产，加强饲草料加工、流通、配送体系建设 | 《国务院办公厅关于促进畜牧业高质量发展的意见》（国办发〔2020〕31号） |

## 三、市场优势

### （一）草产品进口量

我国为饲草进口大国，特别是苜蓿、燕麦草的进口量在不断增加（图3-1）。

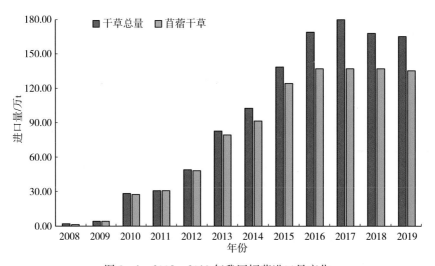

图3-1　2008—2019年我国饲草进口量变化

2019年，我国累计进口干草162.68万t，同比减少了5.0%。其中，苜蓿干草进口135.61万t，占83.4%，同比减少2.0%，全年进口量微幅减少，进口价格小幅上升，主要来自美国、西班牙、加拿大、南非、苏丹及意大利，其中从美国进口的占近75.0%；燕麦草进口24.09万t，占14.8%，同比减少18.0%；苜蓿粗粉及颗粒进口2.98万t，占1.8%，与上年基本持平。

### （二）燕麦市场

我国是燕麦饲草消费大国，国内年生产量在250万～280万t，但每年我国的优质燕麦饲草的需求量在250万～300万t，还需要从国外进口大量的燕麦干草（表3-2）。2019年《内蒙古自治区关于推进奶业振兴的实施意见》提出，到2025年奶畜存栏达到350万头（只），届时需要优质苜蓿和燕麦干草分别不少于 200 万 t，青贮玉米不少于 3 000 万 t。可以看出，随着我国奶业高质量发展的推进，今后对优质燕麦草的需求量将不断增加。

**表 3 - 2　2008—2019 年燕麦市场需求**

单位：万 t

| 平均 | 国产燕麦 | 进口燕麦 | 合计 |
| --- | --- | --- | --- |
| 2008 | 102.95 | 0.15 | 103.10 |
| 2009 | 123.67 | 0.22 | 123.89 |
| 2010 | 105.90 | 0.90 | 106.80 |
| 2011 | 115.79 | 1.27 | 117.06 |
| 2012 | 209.94 | 1.75 | 211.69 |
| 2013 | 184.16 | 4.28 | 188.44 |
| 2014 | 253.27 | 12.10 | 265.37 |
| 2015 | 274.36 | 15.15 | 289.51 |
| 2016 | 265.13 | 22.27 | 287.40 |
| 2017 | — | 31.00 | — |
| 2018 | — | 29.36 | — |
| 2019 | — | 24.09 | — |

## 四、品种优势

我国燕麦品种资源丰富，种类齐全，品系完善，生态类型多样，既有饲用燕麦，也有食用燕麦（莜麦），还有粮、饲兼用燕麦；既有丰产性燕麦，又有抗寒、抗旱性燕麦，还有耐瘠薄性燕麦。适应不同生态条件的旱生、超旱生，耐盐碱等品种，这些品种相继在各地不同生态条件下推广种植，取得了显著的经济、社会和生态效益，极大地推动了我国燕麦产业化的进程。

## 五、生物学优势

（1）抗逆性强，适应性广。在我国，燕麦种植区域广泛，从青藏高原到黄海平原、从半湿润地区到干旱地区、从旱地到灌溉地均有燕麦种植。燕麦耐寒性抗旱强，苗期可在−5℃条件下正常生长，在半干旱地区旱地种植可正常生长。燕麦对土壤要求不严格，比小麦和大麦更耐瘠薄，如果按对土壤的要求加以排序，应该是小麦＞大麦＞燕麦。燕麦可以在沙土、黏壤土、黏土和沼泽泥炭土上生长良好。燕麦对酸性土壤不及其他作物敏感。在水分充足的条件下，燕麦则更适宜于沙土地。

（2）生长快，生物产量高。燕麦生长速度快，株高60～160cm，有些品种可长至200cm以上。高秆品种产量高，在同等条件下其种子和饲草产量分别比矮秆品种高18%和29%。在灌溉条件下，燕麦干草产量在800kg/亩以上；在半干旱区旱地燕麦干草产量在450kg/亩以上。如在青海省门源县海拔3 000m的地方，燕麦干草产量可达850kg/亩，种子产量达330kg/亩。

（3）生育期短，轮作优势强。我国燕麦生育期一般在85～120d，在轮作中极易安排前作和后茬作物。目前在北方生产中常用的燕麦轮作模式有苜蓿＋燕麦、燕麦＋向日葵、小麦＋燕麦、燕麦＋燕麦；南方燕麦轮作模式有马铃薯＋燕麦、玉米＋燕麦、水稻＋燕麦、荞麦＋燕麦等。

## 六、饲用价值优势

燕麦营养价值高，是牛、羊、马等家畜的良好饲料。粗蛋白质含量一般在11%～24%，中性洗涤纤维在52%～61%，体外消化率在53%以上（表3-3）。另外，燕麦草的可溶性糖含量较高，一般在14%～18%。

表3-3　不同生育期燕麦草营养成分

单位：%

| 成熟期 | 含水量 | 粗蛋白质 | 中性洗涤纤维 | 体外消化率 |
|---|---|---|---|---|
| 营养期 | 85 | 24 | — | >75 |
| 孕穗期 | 82 | 20～22 | 52～54 | 75 |
| 抽穗期 | 80 | 15～18 | 56～58 | 66 |
| 乳熟期 | 78 | 15 | 59～61 | 62 |
| 蜡熟初期 | 71 | 13 | 59～61 | 56 |
| 蜡熟后期 | 60 | 11 | 61 | 53 |

# 第二节　燕麦产业发展制约因素

## 一、土地质量较差，基础设施薄弱

土地资源是燕麦种植发展的最大制约因素。目前我国燕麦大多种植在边角地、弃耕地、撂荒地、盐碱地、风沙地等，燕麦生产所用的土地基础条件差，地块小，不集中连片，很难在农田中种植；燕麦地的基础设施差，田间道路差。

## 二、水资源匮乏，灌溉系统不配套

燕麦主要种植在我国干旱、半干旱地区，这些地区水资源匮乏，种燕麦的地方水电灌溉系统不配套，严重制约着燕麦种植业的发展，致使燕麦产量不稳或较低。

## 三、比较效益低，企业发展壮大受到制约

由于种植燕麦的土地瘠薄，基础设施薄弱，产量相对较低、质量不稳定，使燕麦生产成本逐年升高，燕麦企业的发展受到制约，严重影响着我国燕麦产业的健康持续发展。

企业生产规模小，引领和带动作用不强。缺乏龙头企业，燕麦草产品年生产能力 30 000t 以上的企业目前还不多，产业辐射能力不足，带动农户参与燕麦产业的能力弱。

# 第四章

# 燕麦的适应性与生长发育

## 第一节　燕麦的适应性及对环境条件的要求

### 一、皮燕麦与裸燕麦

燕麦为粮饲兼用型植物。在栽培中常见的有两种，一种为皮燕麦，即常说的燕麦，俗称饲用燕麦；另一种为裸燕麦，北方俗称莜麦，为食用型，云贵地区的燕麦即是裸燕麦（图4-1）。近几年，饲用燕麦也在云贵川地区快速发展。

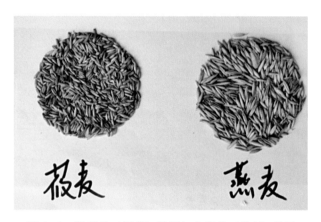

图4-1　裸燕麦（莜麦）种子与皮燕麦（燕麦）种子

皮燕麦外稃紧包子实，与内稃同呈革质，内外稃形状大小几乎相等，外稃具7～9脉，小穗一般有2～3朵小花。呈纺锤形或燕翅形（图4-2），小花梗较短不弯曲，颖果狭长，包于内外两稃内，果实成熟时不脱落。饲草用的燕麦一般都是皮燕麦，是极其重要的饲草，营养体和籽实都是很好的饲料（图4-3）（崔友文，1953，1959）。

裸燕麦，周散型圆锥花序，外稃不包子实与内稃，籽与外稃分离，内外稃膜质无毛，内外稃形状构造相似，大小不一，外稃具9～11脉，小穗一般有3朵以上小花，呈鞭炮型、棍棒型，小花梗较长（>5mm）、弯曲，花旗后小花多伸出外稃；种子成熟后易脱落（崔友文，1953，1959）（图4-4、图4-5）。

图 4-2　饲用型燕麦

花　　　　　　　小花　　　　　　籽实

图 4-3　皮燕麦穗

花　　　　　　　小花　　　　　　籽实

图 4-4　裸燕麦穗

图 4-5　食用型燕麦（莜麦）

## 二、燕麦的适应性

燕麦具有喜凉、耐寒、抗旱、耐瘠薄等特性。燕麦为长日照（草本须根）植物，即在光照阶段要求连续的光照，或在任何时期都要求长日照；要求积温较低，能够在无霜期短、气候冷凉的高寒山区正常生长，生长期在 90～120d。

乌蒙山区为低纬度高海拔地区，一般海拔在 2 000～3 000m，气候凉爽，年平均气温 4～12.7℃，1 月最冷气温 1.6℃，极端最低温度－15.3℃，是燕麦秋播夏收的理想区域。在位于乌蒙山区主峰段的会泽县进行了 3 年多的试种和示范（图 4-6～图 4-8），会泽县秋播燕麦生育期在 200d 以上，即 10 月中下旬播种，第二年的 5 月末至 6 月上中旬收获。

图 4-6　燕麦引种圃

图 4-7　燕麦大田

图4-8　高海拔雪中的燕麦大田

## 三、对环境条件的要求

### （一）对水分的要求

燕麦是喜湿性作物，吸收、制造和运输养分，都是靠水分来进行的。维持细胞膨胀也靠大量水分。生长期严重缺水时，燕麦呈萎蔫状，甚至停止生长，逐渐死亡。因此，水分多少与燕麦生长发育关系极大。研究表明，燕麦分蘖至抽穗期间耗水量占全生育期的70%，苗期仅占9%，灌浆和成熟期占20%。如果在关键时期缺水，就会造成严重减产。

燕麦生长在高寒冷凉区，种子发芽时约需相当于自身重65%的水分种子才能膨胀，而小麦需要55%，大麦只需要50%。秋播如温度和土壤水分适宜，一般4~5d种子可以发芽，10d左右出土。燕麦蒸腾系数为474，低于小麦（513），高于大麦（403）。燕麦叶面蒸发量大，但在干旱情况下，调节水分的能力很强，可以忍耐较长时间的干旱。

燕麦从分蘖到拔节阶段最怕干旱缺水。幼穗分化前，干旱对燕麦生长发育虽有一定影响，但只要后期及时灌溉或下雨，便可以恢复生长。如果分蘖到拔节阶段遇到干旱，即使后期满足供水，对穗长、小穗数和小花数的影响也是难以弥补的。拔节到抽穗，是燕麦一生中需水量最大、最迫切的时期，燕麦的小穗和粒数，大都是这个时期决定的。若水分缺乏，结实器官的形成就会受到影响，这就是农谚所说的"麦要胎里富""最怕卡脖旱"的道理所在。

开花灌浆期是决定籽粒饱满与否的关键时期。它和前两个阶段相比，需水较少，水分主要用于营养物质的合成、输送和籽粒的形成。

灌浆后期至成熟，对水分的需求明显减少，其特点是喜晒怕涝。在日照充足的条件下，有利于灌浆和早熟。多雨或阴雨连绵的天气，对燕麦成熟不利，往往造成贪青徒长晚熟。阴雨连绵后烈日暴晒，地面温度骤升，水分蒸发强烈，就会造成燕麦生理干旱，出现"火烧"现象。

乌蒙山区秋播燕麦的整个生长周期皆为旱季，风大降雨少。干旱是制约会泽县冬闲田秋播燕麦生长发育的重要因素。好在燕麦根系发达，具有较强的汲取水分能力，2019年会泽县在连续多年冬春干旱的自然气候条件下示范种植的燕麦表现出了很强的抗旱性，获得了丰收。

**（二）对温度的要求**

燕麦对温度要求不严格，喜欢凉爽的气候，整个生长期需要≥10℃的有效积温 1 500～1 900℃。在各个生长阶段内对温度的要求和需水规律相似，即前期低，中期高，后期低。燕麦的发育起点温度 2～3℃，所以，种子在 2～3℃时即可发芽。在幼苗期燕麦可耐受−3～4℃的低温，如在会泽县连续两年的冬闲田燕麦试种示范与大田种植中未发生燕麦冻害。

在苗期若气温低，燕麦生长缓慢。出苗至分蘖期，适宜温度为 15℃，地温为 17℃。拔节至孕穗期，需要较高的温度，以利燕麦迅速生长发育，形成营养生长器官。适宜的温度为 20℃，在这样的条件下，燕麦生长迅速，茎秆粗壮。若温度超过 20℃，则会引起花梢的发生。燕麦抽穗适宜温度为 18℃；开花期适宜温度为 20～24℃，需要湿润而无风的天气。

灌浆后要求白天温度高，夜间温度低，使养分消耗少，有利于干物质的积累，促进籽粒饱满。这时气温以 14～15℃为宜。如遇高温干旱或干热风，即使是一个很短的时间，也会影响营养物质的输送，限制籽粒灌浆，加速种子干燥，引起过早成熟，造成籽粒瘪瘦或者有铃无粒，严重减产。

由此可见，燕麦对温度还是较为敏感。在整个生育过程中，最高温度不能超过 30℃，若超过 30℃，经 4～5h，气孔就会萎缩，不能自由开闭。特别是抽穗、开花、灌浆期间若遭受到高温的危害，就会导致结实不良，瘪种子数量（空秕率）增加。如会泽县地处乌蒙高寒冷凉山区，整个秋播燕麦生长发育过程中，很少会遭遇 30℃以上的高温天气。

由于燕麦对温度要求不严格，许多地方利用燕麦的这一特性，把它作为最早熟的禾谷类作物种植，如春闲田燕麦和秋闲田燕麦就是利用了燕麦这一特性，在饲草生产中发挥了很好的作用。

**（三）对光照的要求**

燕麦为春化阶段较短、光照阶段较长的作物，必须要有充足的光照，才能充分进行光合作用，制造营养物质，满足生长发育的需要。合适的光照，就是既要保证一定的营养生长时期，又要给开花灌浆到成熟留下足够的时间。如会泽县秋播燕麦营养生长期较长，随着3月中下旬气温的回升，日照也在延长，此时燕麦进入生殖生长阶段，有利于燕麦的开花、灌浆及种子成熟。

因此，在燕麦田的管理中，要积极改善光照条件，提高光合作用效率，创造燕麦高产的光照条件。如苗期及早中耕、锄草，可以避免杂草与燕麦争光、争肥、争水的矛盾，合理密植，使个体和群体都得到良好的发育。

**（四）对土壤与养分的要求**

与小麦或大麦相比，燕麦对土壤要求更低，可以种植在各种土壤上，包括重黏土、沼泽土和泥炭土。相较于其他作物，燕麦对酸性土壤不敏感。在水分充足的条件下，燕麦很适合沙土地种植。燕麦不太适合在盐渍土种植。燕麦可以很好地利用土壤中矿物质化的氮素，具有耐酸性土壤的特性。燕麦对氮、磷、钾的要求：亩产种子200kg和秸秆250kg，大约要从土壤中吸收氮6kg、磷2kg、钾5kg。

燕麦是"胎里富"作物，为喜氮作物，因此施氮后，增产效果明显。若氮缺乏，则茎叶枯黄，光合作用能力低，制造和积累的营养物质少，造成燕麦生长不良。一般在分蘖之前，植株矮小，生长缓慢，需氮量少，从分蘖到抽穗需氮量明显增加。氮肥充足，则燕麦穗大，叶片深绿，光合作用强、铃多、粒多。抽穗后需氮量减少，因此孕穗期适当追施速效氮肥，可弥补氮肥的不足。

磷是促进根系发育，增加分蘖，促进籽粒饱满和提前成熟，提高产量的重要营养元素。磷适量则根系发达，植株健壮；磷缺乏则苗小、苗弱、生长缓慢。磷具有促进燕麦吸收氮的作用，因此氮、磷结合施用比二者单施增产效果更好。磷肥在生长前期施用，能够参与抽穗后穗部的生理活动，到生长后期追施磷肥，则大多留于茎叶营养器官之内。所以，磷肥多用于底肥、种肥，而不用于追肥。

钾是构成燕麦茎秆和种子的重要营养元素。缺钾，燕麦表现出植株矮小、底叶发黄、茎秆软弱，不抗病、不抗倒伏的症状。燕麦需钾时期为拔节后至抽穗前，抽穗以后逐渐减少。因此，钾肥应在播种前施足。农家肥是全效性肥料，氮、磷、钾三要素相当丰富，所以在整地时要施足农家肥。

除氮、磷、钾外，燕麦还需要少量的钙、镁、铁等微量元素，由于用量少，农家肥料中已含包，无须专门施肥。

# 第二节　燕麦的生长发育

## 一、燕麦生长发育

燕麦的生长发育过程，可分为营养生长和生殖生长两个阶段。

营养生长阶段，就是从出苗到抽穗阶段，主要是生长根、茎、叶，建造植物体本身。

生殖生长阶段，就是从分蘖拔节以后，生长点开始幼穗分化，到抽穗开花，直至种子成熟。

燕麦的营养生长和生殖生长属重叠型，或称为营养生长与生殖生长并进阶段，这两个阶段并不是完全分开的，而是相互交错，互为因果的。没有营养生长阶段，就不会有生殖生长阶段，而生殖生长又是营养生长的必然。燕麦的生长发育，具体可分为发芽与出苗、分蘖与扎根、拔节、抽穗、开花、灌浆与成熟（图4-9）。

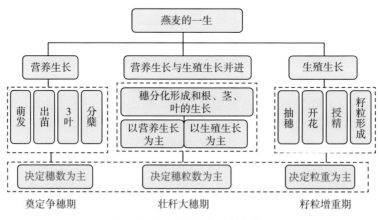

图4-9 燕麦生长发育阶段

## 二、燕麦生长发育阶段

### 1. 发芽与出苗

满足水分、温度、空气等条件后，燕麦种子就开始萌动。这时，首先生长胚根，胚根萌发，突破根鞘，长出3条初生根，然后从胚芽部分生出幼芽。一般播种后6~8d（有时延迟到10~15d），芽露出地面，生长点顶部裂开，向外长出第一片子叶，成为出苗。

### 2. 分蘖与扎根

燕麦出苗后，3叶末期开始分蘖。分蘖时，植株生长缓慢，而地下部分的根系生长加快，在基节外形成次生根。燕麦的主秆地下部分各节都能分蘖，因此叫分蘖节。分蘖节所处的位置称为分蘖位。分蘖位较低的，分蘖发生较早，因此秆高穗大；分蘖位较高的，分蘖较晚，往往秆细穗小，成熟延后，甚至不能抽穗。分蘖数相等的情况下，分蘖位越低，收量就越大。这一时期燕麦的每个茎都长出不定根，它们共同形成稠密的须根，主要的须根是在土壤耕作层发育起来的。在抽穗之前，燕麦根达到最大生长量。

### 3. 拔节

植株出现5片叶时，主秆的第一节露出地面1.5~2.0cm，这时用手可以摸到膨大的节，称为拔节期，从分蘖到拔节的时间很短，只有 15～20d。

**4. 抽穗**

拔节开始后，茎迅速生长，燕麦穗在叶鞘内随着茎的伸长而移动，同时也逐渐长大，最后从顶部叶鞘伸出，称为抽穗，抽穗是燕麦发育中的一个重要时期。抽穗的时期和一致性，可以预测燕麦收获期和产量的高低。

从分蘖到抽穗期间，燕麦的生殖生长处于幼穗分化阶段。燕麦出苗后20d，在茎伸长的同时，开始幼穗的分化和伸长。茎秆长出 4 片叶的时候，穗的生长点开始延长，由长茎叶的营养生长，转变为分化生殖器官穗和花的生殖生长，这是一个质的变化。

拔节到抽穗是燕麦生长的重要阶段，是决定每亩穗粒数和不孕小穗的关键时期，此时追肥、灌水不仅能提高成穗率，而且可以减少不孕小穗，提高每穗结实率。燕麦从拔节期开始，需水量迅速增加，抽穗期到达高峰，特别是抽穗前的 12～15d 是需水"临界期"，此时若遭遇干旱会大幅度减产。但此阶段如水太多，氮肥营养过量，也会引起茎叶过分繁茂，造成贪青徒长，甚至引起倒伏。

**5. 开花**

燕麦是自花授粉作物，在穗子尚未全部抽出时即开花。燕麦穗开花的顺序是先主茎，后分蘖茎。

**6. 灌浆与种子成熟**

灌浆结实与成熟的顺序同开花一样，也是自上而下，即穗顶部的小穗先成熟，下部的小穗后成熟。每个小穗中的子实也是基部的子实先成熟，末端的后成熟。这样就使穗上的籽粒成熟时间不一致，农民把这种成熟过程叫做"花铃期"。当花铃期过后，穗下部籽粒进入蜡熟时就可以收获了。一般来说，燕麦从乳熟至蜡熟的过程较快，特别是蜡熟期所经历的时间更短。

与拔节抽穗阶段相比，开花成熟阶段需水量明显减少，但营养物质的合成、输送和籽粒形成，仍需要一定的水分，才能保证籽实饱满。

# 第三节　不同生态区燕麦物候期变化与生长状态

## 一、河套灌区

### （一）春闲田燕麦

2015 年，在内蒙古河套灌区腹地临河区利用向日葵播种前的春闲田进行燕麦试种，取得较好的效果。于 3 月 20 日进行顶凌播种，3 月底至 4 月初出苗，6 月燕麦进入孕穗-抽穗期，此时燕麦株高为 90～115cm（表 4-1），未见燕麦倒伏。于 6 月 10 日刈割，于 6 月 15 日播种食用向日葵。

表 4-1 河套灌区春闲田燕麦生长状态

| 品种 | 播种日期（日/月） | 测产日期（日/月） | 成熟程度 | 倒伏程度 | 株高/cm |
|---|---|---|---|---|---|
| 青燕 1 号 | 20/3 | 10/6 | 开花 | 无 | 105.6 |
| 白燕 7 号 | 20/3 | 10/6 | 孕穗 | 无 | 94.0 |
| 青海甜 | 20/3 | 10/6 | 孕穗 | 无 | 101.0 |
| 伽利略 | 20/3 | 10/6 | 孕穗 | 无 | 91.8 |
| 加燕 2 号 | 20/3 | 10/6 | 抽穗 | 无 | 92.4 |
| 锋利 | 20/3 | 10/6 | 抽穗 | 无 | 94.4 |
| 青引 2 号 | 20/3 | 10/6 | 开花 | 有 | 115.6 |
| 林纳 | 20/3 | 10/6 | 抽穗 | 无 | 93.4 |
| 青引 1 号 | 20/3 | 10/6 | 开花 | 无 | 110.0 |
| 青海 444 | 20/3 | 10/6 | 开花 | 无 | 122.6 |
| 陇燕 1 号 | 20/3 | 10/6 | 抽穗 | 无 | 98.6 |
| 天鹅 | 20/3 | 10/6 | 乳熟 | 无 | 101.4 |
| 胜利 | 20/3 | 10/6 | 乳熟 | 无 | 89.2 |

### （二）秋闲田燕麦

小麦为河套灌区的主要农作物，每年播种面积在 150 万～200 万亩，一般小麦在 7 月 15 日前后收割，收割后的小麦地大多闲置。近几年尝试麦后复种燕麦，取得较好效果。在河套灌区，麦后复种燕麦一般在 7 月下旬至 8 月初播种，播种后 5～7d 苗齐，到 10 月中下旬，不同的燕麦进入不同的生育阶段（表 4-2），株高 100～120cm，燕麦未见倒伏。

表 4-2 河套灌区秋闲田燕麦生长状态

| 品种 | 播种日期（月/日） | 测产日期（月/日） | 成熟程度 | 株高/cm |
|---|---|---|---|---|
| 速锐 | 7/22 | 10/11 | 乳熟后期 | 123.4 |
| 太阳神 | 7/22 | 10/11 | 抽穗初期 | 121.6 |
| 福瑞至 | 7/22 | 10/11 | 孕穗期 | 119.6 |
| 黑玫克 | 7/22 | 10/11 | 孕穗期 | 108.0 |
| 苏特 | 7/22 | 10/11 | 孕穗期 | 107.0 |
| 贝勒 | 7/22 | 10/11 | 开花期 | 123.0 |
| 魅力 | 7/22 | 10/11 | 孕穗期 | 115.6 |
| 伽利略 | 7/22 | 10/11 | 抽穗期 | 105.0 |
| 美达 | 7/22 | 10/11 | 乳熟期 | 122.8 |

（续）

| 品种 | 播种日期（月/日） | 测产日期（月/日） | 成熟程度 | 株高/cm |
|---|---|---|---|---|
| 甜燕 | 7/22 | 10/11 | 孕穗期 | 102.4 |
| 白燕7号 | 7/22 | 10/11 | 乳熟期 | 116.4 |
| 加燕2号 | 7/22 | 10/11 | 开花期 | 115.8 |
| 青海444 | 7/22 | 10/11 | 蜡熟花期 | 119.2 |

## 二、河西走廊

河西走廊为我国苜蓿主产区，每年有大面积的苜蓿进行耕翻轮作。一般苜蓿地耕翻是在收获第一茬苜蓿后进行，如在河西走廊一般在6月上旬收割第一茬苜蓿，刈割后的苜蓿要耕翻轮作其他饲草或作物。燕麦是极好的后茬饲草，它生长快，产量高，营养价值高，是苜蓿轮作中的首选饲草。甘肃大业公司长期采用苜蓿＋燕麦轮作模式，效果较好。在第一茬苜蓿收割后，马上处理及耕翻耙糜，为播种燕麦做好准备，燕麦一般在6月中下旬播种，5～7d出齐苗，到9月上中旬燕麦进入乳熟期（表4-3），此时株高可达115cm（表4-4）。

**表4-3　酒泉（上坝）燕麦物候期变化（日/月）**

| 品种 | 播种期 | 出苗期 | 分蘖期 | 拔节期 | 抽穗期 | 开花期 | 乳熟期 |
|---|---|---|---|---|---|---|---|
| 甜燕 | 25/6 | 3/7 | 19/7 | 24/7 | 27/8 | 7/9 | 14/9 |
| 加燕1号 | 25/6 | 3/7 | 18/7 | 23/7 | 27/8 | 5/9 | 13/9 |
| 青海444 | 25/6 | 3/7 | 18/7 | 25/7 | 13/8 | 20/8 | 30/8 |
| 白燕7号 | 25/6 | 3/7 | 18/7 | 22/7 | 19/8 | 28/8 | 9/9 |
| 锋利 | 25/6 | 3/7 | 18/7 | 23/7 | 20/8 | 30/8 | 8/9 |
| 青引2号 | 25/6 | 3/7 | 18/7 | 23/7 | 19/8 | 26/8 | 6/9 |
| 林纳 | 25/6 | 3/7 | 18/7 | 20/7 | 19/8 | 26/8 | 8/9 |
| 天鹅 | 25/6 | 3/7 | 16/7 | 23/7 | 31/7 | 8/8 | 8/12 |
| 伽利略 | 25/6 | 3/7 | 18/7 | 23/7 | 23/8 | 2/9 | 12/8 |
| 胜利者 | 25/6 | 3/7 | 18/7 | 23/7 | 30/7 | 5/8 | 13/8 |
| 青引1号 | 25/6 | 3/7 | 20/7 | 25/7 | 13/8 | 20/8 | 30/8 |
| 陇燕 | 25/6 | 3/7 | 20/7 | 25/7 | 15/8 | 26/8 | 5/9 |
| 巴燕 | 25/6 | 3/7 | 20/7 | 23/7 | 10/8 | 15/8 | 25/8 |

**表 4-4　酒泉（上坝）燕麦生长（株高）状况**

单位：cm

| 品种 | 分蘖期 | 拔节期 | 抽穗期 | 开花期 | 乳熟期 | 刈割 |
|------|--------|--------|--------|--------|--------|------|
| 甜燕 | 20～24 | 30 | 110 | 100 | 110 | 110 |
| 加燕1号 | 20～24 | 31 | 95 | 95 | 115 | 115 |
| 青海444 | 25～26 | 35 | 80 | 95 | 115 | 115 |
| 白燕7号 | 24～26 | 32 | 90 | 95 | 115 | 115 |
| 锋利 | 16～17 | 25 | 90 | 95 | 115 | 115 |
| 青引2号 | 22～26 | 30 | 85 | 90 | 110 | 110 |
| 林纳 | 17～18 | 30 | 89 | 90 | 115 | 115 |
| 天鹅 | 25～28 | 35 | 60 | 68 | 75 | 78 |
| 伽利略 | 17～18 | 28 | 95 | 100 | 115 | 115 |
| 胜利者 | 25 | 30 | 58 | 65 | 70 | 75 |
| 青引1号 | 28 | 35 | 91 | 100 | 110 | 110 |
| 陇燕 | 15～16 | 35 | 100 | 110 | 115 | 115 |
| 巴燕 | 25～26 | 35 | 90 | 95 | 100 | 100 |

# 三、大凉山冬闲田燕麦

## （一）物候期及抗逆性

四川西昌市位于大凉山腹地，冬闲田燕麦于 10 月 29 日播种，7d 出苗（表 4-5），37d 达到分蘖期。拔节最早的是胜利者，其次是青海 444、天鹅、加燕 1 号和燕麦 444，最晚的是林纳和科纳；抽穗最早的是胜利者，其次是天鹅，最晚的是锋利、科纳；最早进入乳熟期的是天鹅、胜利者、草莜 1 号，其次是巴燕 1 号、青海 444、白燕 8 号，最晚的是锋利、青海甜燕、青燕 1 号、甘草、甜燕、科纳和牧乐思。燕麦在西昌地区主要利用冬闲田种植，为保证下一季作物的正常生长，应于 5 月初结束燕麦种植，在这个时间段里只有 7 个燕麦品种能完成整个生育过程，从播种到种子成熟需要 160～171d，其中天鹅、胜利者生育期最短，为 160d。在 20 个品种中除了锋利、巴燕 1 号抗倒伏性差外，共余 18 个品种均有强的抗倒伏性，在抗虫性方面除了锋利、青海甜燕、甜燕、伽利略、科纳、牧乐思、燕麦 444 差外，其余品种抗病虫性强。从生育期和抗逆性来看，西昌冬闲田种植燕麦适宜品种为天鹅、胜利者、青海 444、青燕 1 号、白燕 8 号。

表 4-5　大凉山冬闲田燕麦品种物候期及抗逆性（日/月）

| 品种 | 播期 | 出苗期 | 分蘖期 | 拔节期 | 抽穗期 | 乳熟期 | 蜡熟期 | 抗倒伏 | 抗病虫性 |
|---|---|---|---|---|---|---|---|---|---|
| 锋利 | 29/10 | 7/11 | 5/12 | 8/2 | 18/4 | 3/5 | — | 差 | 差 |
| 巴燕 1 号 | 29/10 | 17/11 | 5/12 | 8/2 | 23/3 | 5/4 | 18/4 | 差 | 强 |
| 青海 444 | 29/10 | 7/11 | 5/12 | 3/2 | 23/3 | 5/4 | 18/4 | 强 | 强 |
| 陇燕 3 号 | 29/10 | 7/11 | 5/12 | 15/2 | 5/4 | 17/4 | — | 强 | 强 |
| 天鹅 | 29/10 | 7/11 | 5/12 | 3/2 | 15/2 | 23/3 | 7/4 | 强 | 强 |
| 胜利者 | 29/10 | 7/11 | 5/12 | 25/1 | 3/2 | 23/3 | 7/4 | 强 | 强 |
| 加燕 1 号 | 29/10 | 7/11 | 5/12 | 3/2 | 1/3 | 17/4 | — | 强 | 强 |
| 青海甜燕 | 29/10 | 7/11 | 5/12 | 8/2 | 17/4 | 3/5 | — | 强 | 差 |
| 青燕 1 号 | 29/10 | 7/11 | 5/12 | 8/2 | 23/3 | 3/5 | 18/4 | 强 | 强 |
| 甘草 | 29/10 | 7/11 | 5/12 | 15/2 | 17/4 | 3/5 | — | 强 | 强 |
| 白燕 8 号 | 29/10 | 7/11 | 5/12 | 15/2 | 23/3 | 5/4 | 18/4 | 强 | 强 |
| 草莜 1 号 | 29/10 | 7/11 | 5/12 | 8/2 | 22/2 | 23/3 | — | 强 | 强 |
| 甜燕 | 29/10 | 7/11 | 5/12 | 15/2 | 17/4 | 3/5 | — | 强 | 差 |
| 伽利略 | 29/10 | 7/11 | 5/12 | 15/2 | 5/4 | 18/4 | — | 强 | 差 |
| 加燕 2 号 | 29/10 | 7/11 | 5/12 | 8/2 | 5/4 | 18/4 | — | 强 | 强 |
| 白燕 7 号 | 29/10 | 7/11 | 5/12 | 15/2 | 5/4 | 18/4 | — | 强 | 强 |
| 林纳 | 29/10 | 7/11 | 5/12 | 22/2 | 29/3 | 18/4 | — | 强 | 强 |
| 科纳 | 29/10 | 7/11 | 5/12 | 22/2 | 18/4 | 3/5 | — | 强 | 差 |
| 牧乐思 | 29/10 | 7/11 | 5/12 | 8/2 | 13/4 | 3/5 | — | 强 | 差 |
| 燕麦 444 | 29/10 | 7/11 | 5/12 | 3/2 | 23/3 | 5/4 | 18/4 | 强 | 差 |

**（二）不同物候期植株性状**

分蘖期 20 个燕麦品种的分蘖数为 1.60～4.40 个（表 4-6），分蘖能力最强的是巴燕 1 号、加燕 1 号。分蘖期株高为 25.98～37.38cm，分蘖期株高最高的是甘草。分蘖期植株根长为 6.10～11.50cm，根长最长的是草莜 1 号。分蘖期燕麦株高是根长的 2.48～5.50 倍。分蘖期株鲜重为 2.20～6.33g，其中株重最重的是加燕 1 号。苗重为 1.78～5.03g，苗重占全株重的 77.95%～

88.51％，分蘖期燕麦是地上部分的生长，同时兼顾地下根系的发育。

表 4－6　分蘖期燕麦植物性状

| 品种 | 株高/cm | 分蘖数/个 | 根长/cm | 株重/g | 苗重/g | 株高/根长 | 苗重占株重/% |
|------|---------|-----------|---------|--------|--------|-----------|--------------|
| 锋利 | 25.98 | 3.60 | 6.32 | 2.61 | 2.31 | 4.11 | 88.51 |
| 巴燕1号 | 33.56 | 4.40 | 8.32 | 4.82 | 4.20 | 4.03 | 87.14 |
| 青海444 | 32.82 | 3.00 | 8.70 | 4.29 | 3.41 | 3.77 | 79.49 |
| 陇燕3号 | 36.60 | 2.80 | 7.58 | 4.43 | 3.68 | 4.83 | 83.07 |
| 天鹅 | 29.88 | 2.60 | 7.98 | 4.13 | 3.53 | 3.74 | 85.47 |
| 胜利者 | 30.84 | 2.80 | 6.80 | 4.43 | 3.78 | 4.54 | 85.32 |
| 加燕1号 | 29.22 | 4.40 | 10.52 | 6.33 | 5.03 | 2.78 | 79.46 |
| 青海甜燕 | 30.58 | 2.60 | 7.06 | 3.89 | 3.24 | 4.33 | 83.29 |
| 青燕1号 | 29.10 | 2.00 | 8.14 | 3.22 | 2.51 | 3.57 | 77.95 |
| 甘草 | 37.38 | 1.60 | 10.68 | 2.96 | 2.53 | 3.50 | 85.47 |
| 白燕8号 | 33.76 | 2.00 | 9.24 | 2.20 | 1.78 | 3.65 | 80.91 |
| 草莜1号 | 26.84 | 2.80 | 11.50 | 3.70 | 2.94 | 2.33 | 79.45 |
| 甜燕 | 31.32 | 2.40 | 9.22 | 3.31 | 2.74 | 3.40 | 82.78 |
| 伽利略 | 28.00 | 3.40 | 11.28 | 3.43 | 2.83 | 2.48 | 82.51 |
| 加燕2号 | 26.40 | 2.80 | 9.68 | 3.36 | 2.70 | 2.73 | 80.36 |
| 白燕7号 | 26.06 | 3.40 | 7.72 | 4.34 | 3.84 | 3.38 | 88.48 |
| 林纳 | 29.70 | 3.00 | 7.38 | 3.79 | 3.31 | 4.02 | 87.34 |
| 科纳 | 29.54 | 2.60 | 7.36 | 4.30 | 3.68 | 4.01 | 85.58 |
| 牧乐思 | 33.58 | 1.80 | 6.10 | 3.31 | 2.68 | 5.50 | 80.97 |
| 燕麦444 | 34.24 | 2.40 | 10.96 | 5.15 | 4.38 | 3.12 | 85.05 |

## 四、乌蒙山主峰段冬闲田燕麦

云南会泽县位于乌蒙山主峰地段，燕麦以秋播为主，一般在10月中下旬至11月上旬播种。如在10月20日播种，7～10d后出苗，11月中旬进入分蘖期，12月初至中旬进入拔节期，2月中旬进入孕穗期，4月中旬开始抽穗，5

月初开始灌浆，5 月底至 6 月上中旬进入成熟期（表 4 - 7）。

**表 4 - 7　会泽县大桥乡冬闲田燕麦物候期（日/月）**

| 品种 | 播种期 | 出苗期 | 分蘖期 | 拔节期 | 孕穗期 | 抽穗期 | 灌浆期 | 成熟期 |
|------|--------|--------|--------|--------|--------|--------|--------|--------|
| 坝莜 14 | 19/10 | 27/10 | 22/11 | 4/12 | 15/2 | 10/4 | 8/5 | 23/5 |
| 坝莜 13 | 19/10 | 27/10 | 3/12 | 15/12 | 25/3 | 20/4 | 5/5 | 5/5 |
| 坝莜 18 | 19/10 | 27/10 | 22/11 | 4/12 | 15/2 | 10/3 | 8/5 | 23/5 |
| 香燕麦 8 号 | 19/10 | — | 10/12 | 30/12 | 25/3 | 20/4 | 23/5 | 5/6 |

# 第五章

# 燕麦种植模式及生产性能

## 第一节 寒旱区燕麦种植模式及生产性能

### 一、青藏高原一年一季燕麦

#### (一)青藏高原东北边缘区一年一季燕麦产草量

门源县位于青藏高原的东北边缘区,平均海拔 2 866m,具有春季多雪多风,夏季凉爽多雨,秋季温和暂短,冬季寒冷漫长的特点。气温日较差 11.6～17.5℃,年平均气温 0.8℃,年平均降水 520mm,全年日照时数 2 264.8～2 739.8h,年蒸发量 100mm。作物生产为典型的一年一季,燕麦也一样一年一收。

门源县一般在 4 月中下旬至 5 月上中旬播种燕麦,收草为 9 月中下旬,收种子为 9 月底至 10 月初。2017 年,在门源县的红沟村(海拔 2 900m)和后沟村(海拔 3 100m)进行燕麦引种试验(图 5-1)。结果表明,门源县燕麦生产表现出明显的优势。红沟村燕麦干草平均产量达 1 138.12kg/亩(表 5-1),贝勒最高,为 1 638.48kg/亩,最低的巴燕 3 号也有 618.53kg/亩;干草产量在 1 000kg/亩以上的品种有 10 个,分别为林纳、白燕 7 号、青海甜燕麦、张北莜麦、定西莜麦、福瑞至、黑玫克、贝勒、贝勒 2 号、太阳神、美达和枪手。

表 5-1 青海省门源县红沟村燕麦产量 (海拔 2 900m)

单位:kg/亩

| 序号 | 品种 | 鲜草产量 | 干草产量 |
|---|---|---|---|
| 1 | 林纳 | 3 818.58 | 1 089.56 |
| 2 | 白燕 7 号 | 3 585.13 | 1 022.95 |
| 3 | 青海甜燕麦 | 3 585.13 | 1 022.95 |
| 4 | 青海 444 | 3 034.85 | 865.94 |
| 5 | 巴燕 3 号 | 2 167.75 | 618.53 |
| 6 | 青燕 1 号 | 2 526.26 | 720.82 |
| 7 | 张北莜麦 | 4 802.40 | 1 370.28 |
| 8 | 定西莜麦 | 3 993.66 | 1 139.52 |

（续）

| 序号 | 品种 | 鲜草产量 | 干草产量 |
| --- | --- | --- | --- |
| 10 | 速锐 | 3 101.55 | 884.97 |
| 11 | 福瑞至 | 5 352.68 | 1 327.29 |
| 12 | 黑玫克 | 6 269.80 | 1 588.98 |
| 13 | 贝勒 | 6 443.22 | 1 638.48 |
| 14 | 贝勒 2 号 | 5 019.18 | 1 432.13 |
| 15 | 太阳神 | 3 668.50 | 1 046.74 |
| 16 | 美达 | 4 452.23 | 1 270.36 |
| 17 | 枪手 | 4 102.05 | 1 170.45 |
| 平均 | | 4 120.19 | 1 138.12 |

图 5-1　门源县红沟村（海拔 2 900m）（上图）和后沟村
（海拔 3 100m）燕麦（下图）

后沟村（海拔 3 100m）与红沟村（海拔 2 900m）燕麦产量相近，鲜草平均产量达 4 915.10kg/亩，干草平均产量 1 208.05kg/亩，干草产量最高的黑玫克达到 1 516.65kg/亩，干草产量除青引 1 号和青燕 1 号在 1 000kg/亩以下外，其余品种干草产量均在 1 000kg/亩以上（表 5 - 2、图 5 - 2）。

**表 5 - 2　青海省门源县后沟村燕麦产量**（海拔 3 100m）

单位：kg/亩

| 序号 | 品种 | 鲜草产量 | 干草产量 |
|---|---|---|---|
| 1 | 陇燕 3 号 | 4 515.59 | 1 088.44 |
| 2 | 青引 1 号 | 2 810.57 | 801.95 |
| 3 | 青海 444 | 4 318.83 | 1 032.30 |
| 4 | 青燕 1 号 | 3 893.61 | 911.97 |
| 6 | 白燕 7 号 | 5 336.00 | 1 222.53 |
| 7 | 巴燕 3 号 | 4 527.26 | 1 091.77 |
| 8 | 林纳 | 4 769.05 | 1 160.76 |
| 9 | 甜燕麦 | 4 635.65 | 1 122.70 |
| 10 | 福瑞至 | 5 194.26 | 1 282.09 |
| 11 | 贝勒 | 6 169.75 | 1 560.43 |
| 12 | 黑玫克 | 6 016.34 | 1 516.65 |
| 13 | 贝勒 2 号 | 5 886.28 | 1 479.54 |
| 14 | 速锐 | 4 869.10 | 1 189.31 |
| 15 | 枪手 1 号 | 5 386.03 | 1 336.81 |
| 17 | 太阳神 | 5 035.85 | 1 236.89 |
| 18 | 美达 | 4 710.69 | 1 144.11 |
| 19 | 张北莜麦 | 5 169.25 | 1 274.95 |
| 20 | 定西莜麦 | 5 227.61 | 1 291.61 |
| 平均 | | 4 915.10 | 1 208.05 |

图 5-2　门源县饲用燕麦草

（二）青藏高原东北区一年一季燕麦营养成分

从表 5-3 中可以看出，门源县青贮玉米可溶性糖（WSC）含量较高，除贝勒、美达的 WSC 含量低于 10%外，其余品种的 WSC 含量在 10%～17%。甜燕麦的 WSC 含量最高，为 17.71%。粗蛋白质（CP）含量在 6%～11%，定西莜麦 CP 含量最高，为 11.70%。

表5-3 青海门源县17个燕麦品种和营养成分比较

单位:%

| 品种 | WSC | CP | 品种 | WSC | CP |
|---|---|---|---|---|---|
| 巴燕3号 | 12.97 | 9.46 | 定西莜麦 | 13.73 | 11.70 |
| 青燕1号 | 15.31 | 7.49 | 美达 | 9.98 | 7.10 |
| 甜燕麦 | 17.71 | 6.86 | 速锐 | 15.58 | 6.20 |
| 贝勒2号 | 13.68 | 6.70 | 青海444 | 14.52 | 7.28 |
| 苏特2号 | 16.84 | 5.86 | 张北莜麦 | 10.93 | 8.01 |
| 贝勒 | 6.98 | 6.43 | 黑玫克 | 11.25 | 6.31 |
| 白燕7号 | 10.27 | 9.12 | 福瑞至 | 10.16 | 6.48 |
| 林纳 | 17.67 | 7.85 | 太阳神 | 10.28 | 4.47 |
| 枪手1号 | 13.90 | 6.13 | | | |

### （三）青藏高原的东北端一年一季燕麦产量

甘肃甘南州的合作市地处青藏高原的东北端，甘肃、青海、四川三省交界处，东连卓尼县，南靠碌曲县，西接夏河县，北临临夏州和政、临夏县，海拔2 600m。气候属高寒湿润类型，冷季长，暖季短，年均气温-0.5～3.5℃，极端最高气温28℃，极端最低气温-23℃。年均降水量545mm，集中于7—9月。市区海拔2 936m，合作地区平均无霜期48d，主要自然灾害为霜冻、冰雹和阴雨。全年日照充足，太阳能利用率高。

2018年5月初试种11个燕麦品种，9月6日刈割。刈割时燕麦株高可达172.83cm，平均139.08cm；鲜草产量2 300～3 700kg/亩，平均3 059.04kg/亩；干草产量710～1 250kg/亩，平均1 006.16kg/亩（表5-4、图5-3）。

表5-4 甘南合作市11个燕麦品种生产力比较

| 编号 | 品种 | 株高/cm | 鲜草产量/（kg/亩） | 干草产量/（kg/亩） |
|---|---|---|---|---|
| 1 | 速锐 | 120.67 | 3 266.83bc | 1 249.15a |
| 2 | 贝勒 | 139.17 | 3 699.07a | 1 145.50ab |
| 3 | 太阳神 | 172.83 | 2 843.48cd | 768.70de |
| 4 | 魅力 | 120.33 | 3 059.04c | 1 076.66b |
| 5 | 贝勒（肖） | 128.50 | 3 130.71c | 1 078.92b |
| 6 | 美达（肖） | 119.17 | 3 014.04c | 1 092.09b |

（续）

| 编号 | 品种 | 株高/cm | 鲜草产量/（kg/亩） | 干草产量/（kg/亩） |
|---|---|---|---|---|
| 7 | 枪手 | 164.00 | 2 496.24de | 995.93bc |
| 8 | 福瑞至 | 139.50 | 3 022.37c | 906.20cd |
| 9 | 黑玫克 | 166.17 | 2 322.34e | 713.01e |
| 10 | 贝勒11 | 120.50 | 3 629.07ab | 1 136.82ab |
| 11 | 爱沃 | 134.17 | 3 166.27c | 904.73cd |
| 平均 | | 139.08 | 3 059.04 | 1 006.16 |

注：同列中不同字母表示差异显著，$P < 0.05$。同列中相同字母表示差异不显著，$P > 0.05$。

图 5-3　合作市刈割前燕麦

## 二、内蒙古高原寒旱区一年一季燕麦产量

海拉尔位于内蒙古高原东北部，大兴安岭北段西麓。海拉尔属中温带半干旱大陆性草原气候，纬度偏高。气候特点：春季多大风少雨，蒸发量大；夏季温凉短促，降水集中；秋季降温快，霜冻早；冬季严寒漫长，地面积雪时间长。年平均气温为 -2 ~ -1℃，1 月（最冷月）平均低温为 -30.83℃，7 月（最热月）平均高温为 25.84℃。年平均降水量为 350~370mm，年平均日照时数为 2 800h。无霜期平均 100d。燕麦一般一年一收，多于 5 月下旬至 6 月上旬播种，8 月中下旬收割。从 6 个燕麦品种产量看，干草平均产量在 910.32kg/亩（表 5-5，图 5-4）。类似区域如呼伦贝尔-锡林郭勒东北垦区都可进行一年一茬燕麦种植。

表 5-5　2017 年海拉尔燕麦产量

| 品种 | 鲜草产量/（kg/亩） | 干草产量/（kg/亩） |
| --- | --- | --- |
| 青引 1 号 | 3 651.83 | 963.14 |
| 青引 2 号 | 2 918.13 | 769.63 |
| 青海 444 | 2 584.63 | 915.30 |
| 科纳 | 2 901.45 | 946.60 |
| 哈维 | 3 535.10 | 1 251.90 |
| 林纳 | 2 267.80 | 615.37 |
| 平均 | 2 976.49 | 910.32 |

图 5-4　海拉尔燕麦种植场景

## 第二节　北方农牧交错区燕麦种植模式及生产性能

河西走廊、河套灌区和嫩江—西辽河流域具有农区或农牧交错区的特性。河套灌区位于内蒙古西部，北靠阴山，南临黄河，西至乌兰布和沙漠，东至包头。灌区热量充足，全年日照 3 100～3 200h，10℃以上活动积温 2 700～3 200℃，无霜期 120～150d。作物种类很多，有小麦、甜菜、玉米、胡麻、向日葵、糜子及瓜果、蔬菜等。但雨量稀少，年降水量为 130～250mm，而年蒸发量为 2 000～2 400mm，湿润度 0.1～0.2。黄河年均过境水量 280 亿 m³，水质较好，故这一地区利用黄河灌溉发展农业历史悠久。河西走廊和嫩江—西辽河流域与河套灌区一样，除具有灌溉条件外，也有丰富的热量资源，一年可进行两茬燕麦生产，也可利用向日葵播种前的春闲田和小麦收获后的秋闲田种植燕麦。

### 一、一年两茬燕麦（燕麦＋燕麦）

适宜与河西走廊、河套灌区和嫩江—西辽河流域等地的气候特征、农业生产条件类似的地区进行燕麦复种，实现一年两季燕麦生产，即燕麦＋燕麦，如河套灌区和赤峰市的科尔沁旗等。

内蒙古临河区位于河套灌区的腹地，气候干燥，年降水量 138.8mm，平均气温 6.8℃，昼夜温差大，日照时间长，年日照时间为 3 229.9h，是我国日照时数最多的地区之一。光、热、水同期，无霜期为 130d 左右，适宜进行燕麦＋燕麦生产模式。通过该种植模式可实现燕麦一年两收，干草平均产量达 1 792kg/亩，最高亩产 2 000 多 kg（表 5-6）。

**表5-6　河套灌区（临河）燕麦复种干草产量**（2015 年）

| 品种 | 播种 | 成熟程度 | 株高/cm | 鲜草产量/<br>（kg/亩） | 干草产量/<br>（kg/亩） | 干草总产量/<br>（kg/亩） |
|------|------|----------|---------|------------------|------------------|------------------|
| 加燕1号 | 春季 | 乳熟期 | 128.80 | 3 849.00 | 789.00 | 1 603 |
|  | 秋季 | 乳熟后期 | 140.50 | 3 588.00 | 814.00 |  |
| 林纳 | 春季 | 乳熟期 | 113.20 | 4 215.00 | 642.00 | 1 651 |
|  | 秋季 | 抽穗期 | 137.80 | 3 884.00 | 1 009.00 |  |
| 伽俐略 | 春季 | 乳熟期 | 124.90 | 4 476.00 | 821.00 | 1 741 |
|  | 秋季 | 蜡熟期 | 117.60 | 3 255.00 | 920.00 |  |

（续）

| 品种 | 播种 | 成熟程度 | 株高/cm | 鲜草产量/(kg/亩) | 干草产量/(kg/亩) | 干草总产量/(kg/亩) |
|------|------|---------|--------|------------------|------------------|--------------------|
| 锋利 | 春季 | 乳熟期 | 134.90 | 3 855.00 | 747.00 | 1 854 |
| | 秋季 | 孕穗期 | 123.80 | 4 020.00 | 1 107.00 | |
| 陇燕1号 | 春季 | 乳熟期 | 130.80 | 5 216.00 | 995.00 | 2 011 |
| | 秋季 | 乳熟初期 | 133.80 | 4 327.00 | 1 016.00 | |
| 青引2号 | 春季 | 乳熟期 | 129.20 | 4 102.00 | 814.00 | 1 579 |
| | 秋季 | 乳熟期 | 132.60 | 2 924.00 | 765.00 | |
| 白燕7号 | 春季 | 乳熟期 | 132.80 | 5 343.00 | 883.00 | 2 105 |
| | 秋季 | 蜡熟初期 | 133.80 | 4 558.00 | 1 222.00 | |
| 平均 | | | 129.61 | 4 115.14 | 896.00 | 1 792 |

内蒙古五原县位于河套灌区腹地，气候与临河相似。春播燕麦与夏播燕麦，均可获得一年两收的效果，春播燕麦的干草产量600kg/亩以上，而夏播燕麦干草产量略高于春播燕麦，产量为900～1 000kg/亩，两茬燕麦干草产量可达1 618.33kg/亩（表5-7，图5-5）。

表5-7 2015年河套灌区（五原县）燕麦＋燕麦产量

| 品种 | 株高/cm | 鲜草产量/（kg/亩） | 干草产量/（kg/亩） |
|------|--------|--------------------|--------------------|
| 春播 | | | |
| 青海甜燕麦 | 116 | 2 797.00 | 623.00 |
| 加燕2号 | 128 | 3 996.00 | 662.00 |
| 青海444 | 124 | 3 392.00 | 629.00 |
| 平均 | 122.67 | 3 395.00 | 638.00 |
| 秋播 | | | |
| 白燕8号 | 149 | 4 223.00 | 955.00 |
| 白燕2号 | 142 | 4 878.00 | 937.00 |
| 草莜1号 | 142 | 4 390.00 | 1 049.00 |

（续）

| 品种 | 株高/cm | 鲜草产量/（kg/亩） | 干草产量/（kg/亩） |
|---|---|---|---|
| 秋播 | | | |
| 平均 | 144.33 | 4 497.00 | 980.33 |
| 两茬燕麦合计 | | 7 892.00 | 1 618.33 |

从燕麦营养品质看，春播燕麦茎叶比在 0.436～0.749（表 5-8，图 5-6），粗蛋白质含量为 9.49%～11.53%，中性洗涤纤维和酸性洗涤纤维的含量分别为 37.00%～41.18% 和 61.55%～67.90%。总体看，春播燕麦粗蛋白质含量较高，中性洗涤纤维和酸性洗涤纤维的含量较低，燕麦品种属尚佳。

秋播燕麦茎叶比在 0.437～0.562，粗蛋白质含量 9.49%～14.07%，中性洗涤纤维和酸性洗涤纤维的含量分别为 38.39%～39.29% 和 60.35%～62.76%。总体看秋播燕麦粗蛋白质含量较高。

表 5-8　2015 年五原县春秋播燕麦营养品质性状

| 品种 | 播种期 | | | | | |
|---|---|---|---|---|---|---|
| | 春播燕麦 | | | 秋播燕麦 | | |
| | 青海甜燕麦 | 青海 444 | 加燕 2 号 | 白燕 2 号 | 白燕 8 号 | 草莜 1 号 |
| 茎叶比 | 0.436 | 0.647 | 0.749 | 0.562 | 0.455 | 0.437 |
| 干鲜比/% | 0.227 | 0.185 | 0.166 | 0.192 | 0.226 | 0.239 |
| 粗蛋白质/% | 10.49 | 9.49 | 11.53 | 14.07 | 12.08 | 9.49 |
| 可溶性糖/% | 0.81 | 0.65 | 0.62 | 0.91 | 0.61 | 0.69 |
| 灰分/% | 9.00 | 10.51 | 10.11 | 13.13 | 9.82 | 9.50 |
| 粗脂肪/% | 3.93 | 3.77 | 4.87 | 4.72 | 5.41 | 5.11 |
| 中性洗涤纤维/% | 37.00 | 41.18 | 40.41 | 39.07 | 38.39 | 39.29 |
| 酸性洗涤纤维/% | 61.55 | 67.90 | 64.55 | 60.35 | 62.76 | 62.29 |

图 5-5　五原县春播燕麦

图 5-6　五原县夏播燕麦

## 二、苜蓿＋燕麦（玉门）

北方农区和农牧交错区，特别是农牧交错区，目前为我国苜蓿产业发展的主产区，每年有大量的苜蓿地要更新轮作。准备更新的苜蓿地一般在收割完第一次苜蓿后耕翻轮作，燕麦是苜蓿地的理想轮作作物。立地条件与生产管理的差异，使各地头茬苜蓿刈割时间有一定的差异，如在河西走廊头茬苜蓿一般在5月底至6月初刈割。

玉门位于甘肃西北部，河西走廊西部，地貌分为祁连山地、走廊平原和马鬃山地3部分，海拔1 400～1 700m。玉门属大陆性中温带干旱气候，降水少，蒸发大，日照长，年平均气温6.9℃。1月最冷，极端最低气温可达－28.7℃；7月最热，极端最高气温达36.7℃。年日照时数3 166.3h，平均无霜期135d。年平均降水量63.3mm，蒸发量达2 952mm。

甘肃省玉门大业草业科技发展有限责任公司于2016年6月10日进行头茬苜蓿刈割，于6月20日播种燕麦，于9月底至10月初刈割燕麦，干草产量800～1 232kg/亩，粗蛋白质含量为6.0%～8.5%，中性洗涤纤维含量47.2%～54.9%（表5-9）。

**表5-9　2016年玉门苜蓿后轮作燕麦产量**

| 品种名称 | 干草产量/（kg/亩） | 粗蛋白质/% | 酸性洗涤纤维/% | 中性洗涤纤维/% |
|---|---|---|---|---|
| 林纳 | 1 047.58 | 7.93 | 31.00 | 49.98 |
| 丹草 | 1 231.99 | 6.02 | 30.49 | 47.75 |
| 青燕1号 | 906.34 | 8.43 | 30.20 | 48.78 |
| 加燕1号 | 1 200.60 | 7.37 | 30.24 | 48.69 |
| 陇燕 | 843.56 | 6.25 | 34.68 | 53.98 |
| 青引1号 | 863.18 | 7.13 | 31.94 | 50.92 |
| 青海444 | 874.95 | 8.26 | 29.76 | 48.33 |
| 天鹅 | 804.32 | 6.48 | 28.21 | 47.18 |
| 甜燕 | 969.11 | 6.50 | 29.98 | 48.92 |
| 白燕7号 | 937.72 | 6.48 | 29.93 | 50.29 |
| 伽利略 | 851.41 | 6.75 | 32.45 | 54.90 |
| 平均 | 957.34 | 7.05 | 30.81 | 49.97 |

2017年甘肃省玉门大业草业科技发展有限责任公司继续实施更新苜蓿地

燕麦轮作，于 5 月底至 6 月初刈割苜蓿，于 9 月底至 10 月初刈割燕麦，取得了与 2016 年同样效果。20 个燕麦品种干草平均产量为 980.79kg/亩，最高为福瑞至达 1 267.00kg/亩；除福瑞至外，干草产量在 1 000kg/亩以上的燕麦品种有太阳神、苏特、黑玫克、林纳、加燕 2 号、陇燕 3 号和燕麦 409（表 5 - 10、图 5 - 7）。

表 5 - 10　2017 年苜蓿地轮作燕麦干草产量与营养成分

| 序号 | 品种 | 产量/（kg/亩） | 水分/% | 粗蛋白质/% | 粗纤维/% | 粗灰分/% |
|---|---|---|---|---|---|---|
| 1 | 美达 | 867.00 | 11.24 | 5.87 | 25.54 | 9.02 |
| 3 | 太阳神 | 1 173.00 | 12.96 | 6.65 | 26.51 | 11.07 |
| 4 | 苏特 | 1 147.00 | 11.50 | 6.29 | 23.82 | 10.01 |
| 5 | 魅力 | 947.00 | 7.87 | 5.48 | 28.06 | 9.21 |
| 6 | 福瑞至 | 1 267.00 | 10.97 | 6.04 | 30.82 | 11.32 |
| 7 | 贝勒 | 973.00 | 10.98 | 6.22 | 28.99 | 9.51 |
| 8 | 黑玫克 | 1 107.00 | 13.86 | 6.71 | 30.42 | 11.01 |
| 9 | 林纳 | 1 080.00 | 8.66 | 6.86 | 32.36 | 10.54 |
| 10 | 加燕 2 号 | 1 013.00 | 7.85 | 7.02 | 30.86 | 10.79 |
| 11 | 陇燕 1 号 | 840.00 | 9.55 | 6.88 | 29.21 | 8.89 |
| 12 | 陇燕 2 号 | 907.00 | 9.77 | 8.98 | 27.95 | 11.38 |
| 13 | 伽利略 | 819.00 | 8.91 | 10.17 | 25.07 | 12.24 |
| 14 | 白燕 7 号 | 920.00 | 9.44 | 7.96 | 30.82 | 10.07 |
| 15 | 梦龙 | 987.00 | 14.28 | 11.09 | 26.83 | 12.24 |
| 16 | 陇燕 3 号 | 1 027.00 | 13.52 | 10.57 | 27.66 | 12.58 |
| 17 | 陇燕 4 号 | 907.00 | 9.91 | 8.15 | 30.26 | 11.11 |
| 18 | 燕麦 440 | 800.00 | 10.16 | 9.22 | 26.89 | 10.96 |
| 19 | 燕麦 409 | 1 027.00 | 11.75 | 10.24 | 27.29 | 11.52 |
| 20 | 燕麦 478 | 827.00 | 9.62 | 9.21 | 28.27 | 11.26 |
| | 平均 | 980.79 | 10.67 | 7.87 | 28.30 | 10.78 |

图 5-7　玉门苜蓿＋燕麦

### 三、春闲田燕麦

#### （一）河套灌区春闲田燕麦

河套灌区是我国向日葵主产区，每年种植面积大约为 300 万亩。向日葵一般在 6 月中下旬播种，从 4 月初到 6 月上中旬，燕麦有 60～70d 的生长时间。在河套灌区一般在 3 月中下旬即可播种，4 月初出苗。由于燕麦生长速度快，生育期短，并且饲用燕麦以收割营养体为主，6 月上旬便可达抽穗至乳熟期，所以在向日葵播种之前种一茬燕麦，并不影响向日葵的播种，通过燕麦＋向日葵的种植模式，可实现河套灌区一年两收目的。利用春闲田种植燕麦的意义在于，一是燕麦不与经济作物争地，还可增加收入；二是河套灌区春季气候干燥多风，有利于优质燕麦干草的生产；三是改变了传统的种植模式，使河套灌区传统的一年一收，变为一年两收，提高了土地利用率；四是河套灌区春季气候干燥，风多风大，裸露地面遇刮风容易起尘，造成环境污染，种植燕麦后增加了地面覆盖物，避免了尘土飞扬，保护了环境。

临河是河套灌区向日葵种植的核心区。于2015年3月20日播种燕麦，4月初出苗，到6月不同燕麦品种到达不同的生育阶段，6月10日刈割，干草产量平均达809.5kg/亩，其中伽利略最高，可到1 098kg/亩（表5-11）。

表5-11 2015年临河春闲田燕麦生长状态和产草量

| 品种 | 播种日期 | 测产日期 | 成熟程度 | 倒伏程度 | 株高/cm | 鲜草产量/(kg/亩) | 干草产量/(kg/亩) |
|---|---|---|---|---|---|---|---|
| 白燕7号 | 20/3 | 10/6 | 孕穗 | 无 | 94.8 | 4 789 | 624 |
| 青海甜 | 20/3 | 10/6 | 孕穗 | 无 | 101.1 | 3 295 | 712 |
| 伽利略 | 20/3 | 10/6 | 孕穗 | 无 | 91.8 | 4 524 | 1 098 |
| 加燕2号 | 20/3 | 10/6 | 抽穗 | 无 | 92.4 | 4 829 | 934 |
| 青引2号 | 20/3 | 10/6 | 开花 | 有 | 115.6 | 4 536 | 782 |
| 青引1号 | 20/3 | 10/6 | 开花 | 无 | 110.6 | 4 420 | 559 |
| 青海444 | 20/3 | 10/6 | 开花 | 无 | 122.6 | 4 369 | 835 |
| 陇燕3号 | 20/3 | 10/6 | 抽穗 | 无 | 98.6 | 4 342 | 932 |
| 平均 | | | | | 103.44 | 4 388 | 809.5 |

燕麦刈割后，于6月15日播种生育期中等的食用向日葵品种3939，10月1日收割，生育期112d，能够正常成熟，产量为256kg/亩（图5-8）。

图5-8 临河区燕麦＋日向葵

在2015年春闲田种植的基础上，2017年扩大了种植面积，并引种了进口燕麦品种太阳神、黑玫克、魅力、福瑞至等试种，于3月19日播种，6月9日刈割，燕麦生长至孕穗—抽穗期。8个燕麦品种平均干草产量为674.8kg/亩，其中青海444成熟程度和干草产量都是最高，处于灌浆期，干草产量759kg/亩。干草产量高于700kg/亩的品种依次为青海444、黑玫克和伽俐略（表5-12）。

表 5-12　　2017 年临河春闲田燕麦生长状态与产草量

| 品种 | 播种日期 | 测产日期 | 成熟程度 | 株高/cm | 鲜草产量/(kg/亩) | 干草产量/(kg/亩) |
|---|---|---|---|---|---|---|
| 太阳神 | 3 月 19 日 | 6 月 9 日 | 孕穗期 | 97.4 | 3 846 | 648.0 |
| 甜燕 | 3 月 19 日 | 6 月 9 日 | 孕穗期 | 97.0 | 4 407 | 586.0 |
| 青海 444 | 3 月 19 日 | 6 月 9 日 | 灌浆期 | 108.4 | 3 971 | 759.0 |
| 黑玫克 | 3 月 19 日 | 6 月 9 日 | 拔节期 | 93.4 | 4 091 | 720.0 |
| 伽利略 | 3 月 19 日 | 6 月 9 日 | 抽穗期 | 87.0 | 4 496 | 702.0 |
| 加燕 2 号 | 3 月 19 日 | 6 月 9 日 | 抽穗期 | 111.6 | 4 502 | 691.0 |
| 魅力 | 3 月 19 日 | 6 月 9 日 | 孕穗期 | 97.8 | 4 066 | 619.0 |
| 福瑞至 | 3 月 19 日 | 6 月 9 日 | 孕穗期 | 87.6 | 4 469 | 673.0 |
| 平均 | | | | 97.5 | 4 231 | 674.8 |

在河套灌区进行春闲田燕麦种植（图 5-9），到 6 月上中旬刈割时，燕麦可进入抽穗—开花期，下旬可进入乳熟期，生长时间 77～99d。从表 5-13 中可以看出，生长天数和生育期对燕麦干草的产量影响也较大，随着生长期的延长和生育期的变化，燕麦产量有不同程度的增加，但增加幅度因品种不同而有差异，如青引 2 号和林纳增产幅度相差较大，青引 2 号抽穗期、开花期和乳熟期的干草产量分别为 334.00kg/亩、717.00kg/亩和 814.00kg/亩，与抽穗期相比，开花期和乳熟期的干草产量分别增加 1.15 倍和 1.44 倍，乳熟期比开花期增产 0.14 倍；林纳抽穗期、开花期和乳熟期的干草产量分别为 438.00kg/亩、696.00kg/亩和703.00kg/亩，与抽穗期相比，开花期和乳熟期的干草产量分别增加 0.59 倍和 0.61 倍，乳熟期比开花期增产 0.01 倍，产量变化不大。

表 5-13　　河套灌区春闲田燕麦产量

| 品种 | 刈割时期/(日/月) | 生育期 | 生长天数 | 株高/cm | 干草产量/(kg/亩) |
|---|---|---|---|---|---|
| 青燕 1 号 | 4/6 | 抽穗期 | 77 | 99.80 | 317.00 |
|  | 10/6 | 开花期 | 83 | 114.20 | 488.00 |
|  | 17/6 | 乳熟期 | 90 | 122.00 | 492.00 |
| 青引 2 号 | 4/6 | 抽穗期 | 77 | 95.20 | 334.00 |
|  | 12/6 | 开花期 | 85 | 119.00 | 717.00 |
|  | 24/6 | 乳熟期 | 97 | 129.00 | 814.00 |
| 青海 444 | 4/6 | 抽穗期 | 77 | 98.40 | 467.00 |
|  | 10/6 | 开花期 | 83 | 120.80 | 530.00 |
|  | 17/6 | 乳熟期 | 90 | 140.60 | 576.00 |

（续）

| 品种 | 刈割时期/（日/月） | 生育期 | 生长天数 | 株高/cm | 干草产量/（kg/亩） |
|------|------|------|------|------|------|
| 林纳 | 10/6 | 抽穗期 | 83 | 93.40 | 438.00 |
|      | 17/6 | 开花期 | 90 | 114.40 | 696.00 |
|      | 12/6 | 乳熟期 | 99 | 113.20 | 703.00 |

图 5-9　河套灌区燕麦＋向日葵

4 个燕麦品种在抽穗—乳熟期的粗蛋白质的含量为 10％～17％，中性洗涤纤维和酸性洗涤纤维含量，分别为 57％～72％ 和 34％～42％（表 5-14）。

表 5-14 春闲田燕麦营养成分（临河）

| 品种 | 粗灰分/% | 钙/% | 磷/% | 粗脂肪/% | 粗蛋白质/% | 中性洗涤纤维/% | 酸性洗涤纤维/% |
|------|---------|------|------|---------|-----------|--------------|--------------|
| 枪手 | 10.31 | 0.11 | 0.21 | 2.37 | 13.70 | 61.77 | 35.67 |
| 太阳神 | 10.39 | 0.13 | 0.17 | 2.12 | 13.43 | 61.50 | 35.86 |
| 锋利 | 8.27 | 0.11 | 0.11 | 2.27 | 10.72 | 64.74 | 38.76 |
| 贝勒 | 13.02 | 0.25 | 0.22 | 3.35 | 17.62 | 58.90 | 36.04 |
| 美达 | 10.27 | 0.12 | 0.17 | 2.42 | 12.45 | 65.14 | 40.37 |
| 甜燕 | 8.23 | 0.13 | 0.11 | 2.47 | 9.32 | 71.99 | 42.36 |
| 燕王 | 11.10 | 0.14 | 0.19 | 1.99 | 16.01 | 57.24 | 34.40 |
| 青海 444 | 10.98 | 0.32 | 0.16 | 1.24 | 10.71 | 65.48 | 41.19 |
| 加燕 2 号 | 9.81 | 0.09 | 0.12 | 2.06 | 10.88 | 66.26 | 41.49 |
| 牧王 | 12.88 | 0.24 | 0.21 | 1.75 | 16.17 | 57.63 | 34.57 |
| 伽利略 | 10.12 | 0.11 | 0.16 | 1.59 | 12.96 | 66.12 | 39.78 |
| 领袖 | 9.10 | 0.16 | 0.15 | 2.45 | 11.78 | 63.26 | 40.10 |

### （二）河西走廊春闲田燕麦

甘肃省玉门大业草业科技有限公司在 2017 年利用春闲田种植燕麦效果较好（图 5-10）。于 3 月底至 4 月初播种，6 月中下旬刈割，之后播种苜蓿。由表 5-15 可知，在玉门进行春闲燕麦生产可获得较高的饲草产量，10 个燕麦品种平均干草产量可达 777.20kg/亩，黑玫克最高可达 927.00kg/亩，最低的福瑞至也达 663.00kg/亩。

从营养成分看，10 个品种平均粗蛋白质含量为 11.49％，除美达、福瑞至和黑玫克低于 10％外，其余品种的粗蛋白质含量均在 10％～15％，其中燕麦 478 粗蛋白质含量最高，达 14.95％；10 个品种粗纤维含量平均为 37.18％，粗灰分平均为 13.46％。

表 5-15 2017 年春闲田燕麦产量营养成分（甘肃玉门大业公司）

| 品种 | 干草亩产/（kg/亩） | 水分/% | 粗蛋白质/% | 粗纤维/% | 粗灰分/% |
|------|-----------------|--------|-----------|---------|---------|
| 美达 | 803.00 | 5.08 | 9.80 | 40.37 | 12.55 |
| 速锐 | 680.00 | 5.45 | 10.22 | 38.98 | 12.63 |
| 苏特 | 817.00 | 5.35 | 10.78 | 39.67 | 13.67 |

（续）

| 品种 | 干草亩产/（kg/亩） | 水分/% | 粗蛋白质/% | 粗纤维/% | 粗灰分/% |
|------|------|------|------|------|------|
| 福瑞至 | 663.00 | 5.28 | 9.24 | 41.15 | 13.07 |
| 贝勒 | 710.00 | 5.03 | 10.42 | 39.40 | 12.13 |
| 黑玫克 | 927.00 | 5.45 | 8.44 | 35.07 | 10.41 |
| 伽利略 | 793.00 | 6.10 | 13.60 | 32.11 | 15.32 |
| 梦龙 | 793.00 | 6.30 | 13.62 | 35.24 | 14.78 |
| 燕麦409 | 813.00 | 7.16 | 13.85 | 35.49 | 15.62 |
| 燕麦478 | 773.00 | 7.32 | 14.95 | 34.31 | 14.37 |
| 平均 | 777.20 | 5.85 | 11.49 | 37.18 | 13.46 |

图5-10　玉门春闲田燕麦

## 四、秋闲田燕麦

河套灌区为黄河中游的大型灌区，是中国最大的灌区。

### （一）在小麦后种植的燕麦产量

河套灌区为我国春小麦的主产区，每年种植面积在 150 万亩左右，小麦收割后，大量的土地闲置。河套灌区春小麦一般在 7 月 15 日前后开始收割，7 月底基本收割结束，8 月至 10 月中下旬麦类作物停止生长，生长时间70～80d。河套灌区秋天气候凉爽，日照充足，土壤肥沃，据灌溉条件，极适燕麦生长。燕麦生长速度快，生长温度要求低，河套灌区一般夏播燕麦在7 月底至 8 月初进行，5～7d 田出齐苗，到 10 月中下旬燕麦生长进入抽穗期（图 5-11）。

临河区是河套灌区春小麦的主产区，于 2014 年 8 月初小麦收割后播种，10 月下旬刈割，燕麦干草产量在 600～852kg/亩（表 5-16）。

表 5-16　2014 年临河秋闲田燕麦产量

| 品种 | 出苗时间 | 株高/cm | 干草重/（kg/亩） |
| --- | --- | --- | --- |
| 青燕 1 号 | 8.12 | 136.8 | 748 |
| 青引 2 号 | 8.12 | 153.6 | 852 |
| 青海甜燕 | 8.12 | 118.2 | 672 |
| 青引 1 号 | 8.12 | 122.0 | 672 |
| 加燕 2 号 | 8.12 | 124.6 | 600 |
| 林纳 | 8.12 | 124.4 | 761 |
| 天鹅 | 8.12 | 130.6 | 763 |

2017 年，在临河继续尝试在小麦后复种燕麦（图 5-12），选用国产和进口燕麦品种试种，于 7 月 22 日播种，7 月底至 8 月初燕麦出齐苗，于10 月上旬进入抽穗—开花—乳熟期（表 5-17），于 10 月 11 日刈割，平均产量 997.7kg/亩。其中美达最高，达 1 244kg/亩；太阳神最低，为820kg/亩。

图 5-11　河套灌区小麦后种植燕麦

表5-17　秋闲田燕麦生长状态和干草产草量

| 品种 | 播种日期 | 测产日期 | 成熟程度 | 株高/cm | 亩产/kg |
|---|---|---|---|---|---|
| 速锐 | 7月22日 | 10月11日 | 乳熟后期 | 123.4 | 939 |
| 太阳神 | 7月22日 | 10月11日 | 抽穗初期 | 121.6 | 820 |
| 福瑞至 | 7月22日 | 10月11日 | 孕穗期 | 119.6 | 1 031 |
| 黑玫克 | 7月22日 | 10月11日 | 孕穗期 | 108.0 | 936 |
| 苏特 | 7月22日 | 10月11日 | 孕穗期 | 107.0 | 962 |
| 贝勒 | 7月22日 | 10月11日 | 开花期 | 123.0 | 1 150 |
| 魅力 | 7月22日 | 10月11日 | 孕穗期 | 115.6 | 1 108 |
| 伽利略 | 7月22日 | 10月11日 | 抽穗期 | 105.0 | 955 |
| 美达 | 7月22日 | 10月11日 | 乳熟期 | 122.8 | 1 244 |
| 白燕7号 | 7月22日 | 10月11日 | 乳熟期 | 116.4 | 835 |
| 加燕2号 | 7月22日 | 10月11日 | 开花期 | 115.8 | 995 |
| 平均 | | | | 116.2 | 997.7 |

图5-12　临河小麦＋燕麦试种

2019 年，在河套灌区的五原县进行秋闲田燕麦大面积推广种植（图 5-13），于小麦收割后的 7 月底播种燕麦，3～5d 出苗，于 10 月 12 日刈割（孕穗—抽穗期）。3 个燕麦品种平均干草产量为 952.34kg/亩（表 5-18）；美达产量最高，达 1 154.31kg/亩。

表 5-18　2019 年五原县秋闲田燕麦产量

| 品种 | 株高/cm | 鲜草产量/（kg/亩） | 干草产量/（kg/亩） |
| --- | --- | --- | --- |
| 贝勒 | 154.93 | 4 313.55 | 818.28 |
| 福瑞至 | 116.08 | 4 913.58 | 884.44 |
| 美达 | 120.80 | 5 426.94 | 1154.31 |
| 平均 | 130.60 | 4 884.69 | 952.34 |

图 5-13　五原县小麦＋燕麦种植模式

### （二）在小麦后种植的燕麦品质

在小麦后种植的燕麦营养价值受刈割时期的影响，营养成分差异较大（表5-19）。在 9 月 29 日刈割的燕麦粗蛋白质含量较高，为 17.30％～22.64％，而在 10 月 20 日刈割的燕麦粗蛋白质含量下降明显，为 8.46％～15.64％；中性洗涤纤维和酸性洗涤纤维随着刈割时间的延后而增加，如中性洗涤纤维，在9月29日刈割的燕麦中含量为49.55%～59.73%，而在10月20日刈割的燕麦中含量为49.64%～62.67%。

表5－19　河套灌区秋闲田燕麦营养成分

| 品种 | 刈割时间（日/月） | 酸性洗涤纤维/% | 中性洗涤纤维/% | 粗蛋白质/% |
|------|------|------|------|------|
| 胜利者 | 29/9 | 32.59 | 54.31 | 18.70 |
| 林纳 | 29/9 | 30.98 | 49.55 | 22.57 |
| 天鹅 | 29/9 | 36.66 | 59.73 | 14.79 |
| 加燕2号 | 29/9 | 30.81 | 51.04 | 21.85 |
| 青海甜燕麦 | 29/9 | 31.06 | 50.80 | 20.61 |
| 青引1号 | 29/9 | 31.99 | 50.81 | 20.64 |
| 青引2号 | 29/9 | 34.54 | 56.65 | 17.30 |
| 青燕1号 | 29/9 | 33.35 | 54.84 | 18.27 |
| 青燕1号 | 20/10 | 33.94 | 55.56 | 14.53 |
| 青引2号 | 20/10 | 36.79 | 62.67 | 10.73 |
| 天鹅 | 20/10 | 30.99 | 55.06 | 11.31 |
| 内燕5号 | 20/10 | 33.13 | 54.83 | 8.46 |
| 青引1号 | 27/10 | 35.59 | 56.22 | 13.09 |
| 青燕1号 | 27/10 | 35.27 | 56.88 | 12.96 |
| 加燕2号 | 27/10 | 34.98 | 55.09 | 13.62 |
| 天鹅 | 27/10 | 36.36 | 59.65 | 9.85 |
| 林纳 | 27/10 | 33.06 | 52.74 | 15.64 |
| 青引2号 | 27/10 | 35.11 | 58.54 | 8.71 |
| 青海甜燕麦 | 27/10 | 29.18 | 49.64 | 15.38 |
| 胜利者 | 27/10 | 34.44 | 58.87 | 13.56 |

## 第三节　乌蒙山区及毗邻地区燕麦种植模式及生产性能

乌蒙山区位于云贵高原与四川盆地结合部，属亚热带、暖温带高原季风气候，降水时空分布不均。2010年年末，有效灌溉面积仅占耕地面积的25.31%，旱地占耕地面积比例高达84%，25°以上坡耕地占耕地总面积比重大，宜农宜牧，土地贫瘠，人均耕地少，土地生产力低。干旱、洪涝、风雹、凝冻、低温冷害、滑坡、泥石流等自然灾害频发。乌蒙山区主要农作物为马铃薯、玉米、荞麦、小麦等，种植制度为一年一季，多熟地区大春播种，夏末秋初收获，拥有丰富的土地资源，特别是春闲田和冬闲田资源十分丰富。

## 一、乌蒙山区春闲田燕麦

### （一）会泽春闲田燕麦

会泽县位于乌蒙山主峰段，于2018年利用春闲田对11个引进燕麦品种进行种植试验。于4月30日播种，8月12日刈割测产，从播种到刈期生长时间为104d。刈割时有7个品种已达乳熟期，2个品种为抽穗期，1个品种为灌浆期，1个品种为乳熟后期。11个燕麦品种的鲜草产量平均为3 360.42kg/亩，干草产量平均为674.82kg/亩（表5-20），其中爱沃、福瑞至和速锐的干草产量较高，分布为961.38kg/亩、941.90kg/亩和808.88kg/亩（图5-14）。

**表5-20　会泽县春闲田11个燕麦品种的饲草产量**（海拔2 600m）

| 品种 | 物候期 | 鲜草产量/（kg/亩） | 干草产量/（kg/亩） |
|---|---|---|---|
| 坝燕3号 | 乳熟期 | 3 341.67 | 491.23 |
| 坝燕4号 | 乳熟期 | 2 082.71 | 535.26 |
| 魅力 | 乳熟期 | 2 112.72 | 426.64 |
| 黑玫克 | 乳熟期 | 3 622.92 | 689.27 |
| 美达 | 乳熟后期 | 3 416.71 | 756.12 |
| 贝勒2号 | 抽穗期 | 3 278.31 | 531.51 |
| 爱沃 | 抽穗期 | 4 797.40 | 961.38 |
| 福瑞至 | 灌浆期 | 5 294.31 | 941.90 |
| 太阳神 | 乳熟期 | 3 273.30 | 723.47 |
| 速锐 | 乳熟期 | 2 878.10 | 808.88 |
| 贝勒 | 乳熟期 | 2 866.43 | 557.34 |
| 平均 |  | 3 360.42 | 674.82 |

图5-14　会泽燕麦测产

从营养成分看，粗蛋白质含量除本地燕麦含量较低，仅为 4.24%（表 5 - 21）外，其余品种的粗蛋白质含量在 6.67%～11.20%；中性洗涤纤维和酸性洗涤纤维含量分别为 37.51%～62.36% 和 20.30%～33.23%；相对饲喂价值为 100%～132%（仅作参考）。

表 5 - 21  会泽县春闲田饲草燕麦营养品质（2018 年 8 月 12 日刈割）

单位：%

| 品种 | 粗蛋白质 | 中性洗涤纤维 | 酸性洗涤纤维 | 相对饲喂价值 |
| --- | --- | --- | --- | --- |
| 坝燕 3 号 | 9.37 | 57.72 | 33.23 | 101.57 |
| 坝燕 4 号 | 7.00 | 62.36 | 32.92 | 94.36 |
| 魅力 | 8.91 | 59.42 | 32.10 | 100.02 |
| 黑玫克 | 11.20 | 56.80 | 30.33 | 106.90 |
| 美达 | 8.09 | 57.72 | 33.08 | 101.74 |
| 贝勒 2 号 | 10.94 | 37.51 | 20.30 | 181.27 |
| 爱沃 | 6.67 | 54.85 | 31.34 | 109.36 |
| 福瑞至 | 8.60 | 57.91 | 32.54 | 102.08 |
| 太阳神 | 7.58 | 58.62 | 32.12 | 101.38 |
| 速锐 | 6.87 | 53.73 | 28.41 | 115.59 |
| 贝勒 | 8.63 | 51.13 | 27.16 | 123.23 |
| 本地燕麦 | 4.24 | 49.05 | 24.81 | 131.95 |

于 2018 年引进食用型燕麦坝莜 1 号、坝莜 14 和坝莜 18，于 3 月中下旬播种，于 7 月底至 8 月中旬收割。从表 5 - 22 中可以看出：3 个参试品种生育期比地方种短 5～20d，亩产 176.75～201.72kg，较地方种亩增产 126.25～151.22kg，产量增幅为 250%～299.4%。

表 5 - 22  会泽县食用型燕麦产量

| 品种名称 | 生育期/d | 株高/cm | 平均亩产/kg | 较对照增减 | | 综合排名 |
| --- | --- | --- | --- | --- | --- | --- |
| | | | | 增产/kg | 增幅/% | |
| 坝莜 18 | 140 | 160 | 201.72 | 151.22 | 299.4 | 1 |
| 坝莜 14 | 132 | 150 | 200.1 | 149.60 | 296.0 | 2 |
| 坝莜 1 号 | 125 | 145 | 176.75 | 126.25 | 250.0 | 3 |
| 地方种（对照） | 145 | 150 | 50.5 | | | 4 |

## （二）昭觉春闲田燕麦

昭觉县位于四川西南部，属大凉山腹心地带的低纬度高海拔的中山和山原地貌，气候具有高原气候特点，冬季干寒而漫长，夏季暖和湿润。2017 年，在昭觉县龙沟乡金野以匹村（海拔 2 900m）进行春闲田燕麦种植。于 3 月 23 日播种，早熟品种天鹅、胜利者于 7 月 12 日刈割，美达、速锐于 7 月 28 日刈割。4 个燕麦品种平均鲜草产量 2 551.28kg/亩，干草产量 495.46kg/亩，速锐最高，达 610.49kg/亩，天鹅次之，干草产量为 506.01kg/亩（表 5 - 23，图 5 - 15）。

**表 5 - 23 燕麦品种的产草量**（昭觉）

单位：kg/亩

| 品种 | 鲜草产量 | 干草产量 |
|---|---|---|
| 胜利者 | 2 187.76 | 418.92 |
| 天鹅 | 2 761.38 | 506.01 |
| 美达 | 2 267.80 | 446.43 |
| 速锐 | 2 988.16 | 610.49 |
| 平均 | 2 551.28 | 495.46 |

图 5 - 15 昭觉高山冷凉山区燕麦

## 二、乌蒙山区冬闲田燕麦

乌蒙山区高寒冷凉山区土地资源丰富，气候适宜燕麦生长，最近几年，利用马铃薯、玉米、荞麦、烤烟、水稻、蔬菜等作物的冬闲田种植燕麦，在 10 月中下旬播种燕麦，翌年 5 月底至 6 月初种植马铃薯、荞麦、蔬菜等作物，形成了马铃薯+燕麦、玉米+燕麦、荞麦+燕麦、烤烟+燕麦、水稻+燕麦、蔬菜+燕麦等种植模式。

### 1. 西昌冬闲田燕麦产量

大凉山位于四川西南部四川、云南交界处，这里冬无严寒，夏无酷暑，四季如春。平均气温 17℃，可同春城昆明（平均气温 14℃）媲美。由于幅员宽广，地形地势复杂，因而气候差异较大。主要有 4 种气候类型（气候区）：南亚热带气候区、中亚热带气候区、北亚热带气候区和温带气候区。

西昌位于大凉山腹地，四川西南部的安宁河谷地区，海拔 1 580m，属热带高原季风气候区，素有小"春城"之称，冬暖夏凉、四季如春，冬闲田资源丰富。2016 年 10 月 10 日，利用水稻冬闲田进行燕麦种植，于 2017 年 4 月 15 日收割，14 个品种平均鲜草产量达 4 139.32kg/亩，干草产量 1 138.52kg/亩（表 5 - 24）。

**表 5 - 24 西昌冬闲田燕麦产量**（海拔 1 580m）

单位：kg/亩

| 品种 | 鲜草产量 | 干草产量 |
|---|---|---|
| 巴燕 1 号 | 3 065.53 | 1 130.26 |
| 燕麦 444 | 3 823.24 | 1 141.62 |
| 天鹅 | 4 050.69 | 1 550.60 |
| 胜利者 | 4 144.57 | 1 544.68 |
| 青燕 1 号 | 4 036.68 | 1 291.74 |
| 甘草 | 4 106.72 | 1 111.28 |
| 牧乐思 | 3 399.03 | 1 098.23 |
| 太阳神 | 5 947.42 | 1 160.02 |
| 黑玫克 | 4 438.33 | 1 012.52 |
| 速锐 | 3 351.68 | 969.54 |
| 福瑞至 | 4 321.60 | 951.74 |

（续）

| 品种 | 鲜草产量 | 干草产量 |
|---|---|---|
| 贝勒2号 | 5 288.75 | 1 024.60 |
| 美达 | 4 035.35 | 1 062.10 |
| 枪手 | 3 940.86 | 890.33 |
| 平均 | 4 139.32 | 1 138.52 |

安宁河流域种植的13个燕麦品种的干物质含量为22.71%～36.13%（表5-25，图5-16），粗蛋白质含量为6.85%～11.19%，粗蛋白质含量8%以上的品种有8个，占参试燕麦品种的57.14%，黑玫克和贝勒2号的粗蛋白质含量大于10%，分别为11.19%和10.31%，显著高于其他品种。参试燕麦品种的可溶性糖含量为4.39%～10.57%，酸性洗涤纤维含量为25.24%～38.93%，中性洗涤纤维含量为52.43%～69.46%。

**表5-25　安宁河流域冬闲田13个燕麦品种的营养品质**

单位：%

| 品种 | 干物质 | 粗蛋白质 | 可溶性糖 | 酸性洗涤纤维 | 中性洗涤纤维 |
|---|---|---|---|---|---|
| 巴燕1号 | 34.65 | 8.09 | 4.73 | 33.49 | 62.37 |
| 青海444 | 30.29 | 8.26 | 4.41 | 35.20 | 68.32 |
| 天鹅 | 36.13 | 7.03 | 6.73 | 30.63 | 59.96 |
| 胜利者 | 31.69 | 8.74 | 9.04 | 25.24 | 52.43 |
| 青燕1号 | 29.85 | 6.89 | 5.71 | 35.22 | 65.76 |
| 甘草 | 25.33 | 6.85 | 4.39 | 38.93 | 69.46 |
| 太阳神 | 30.06 | 7.26 | 8.89 | 34.04 | 59.83 |
| 黑玫克 | 27.48 | 11.19 | 8.03 | 28.42 | 53.43 |
| 速锐 | 33.73 | 7.85 | 10.11 | 30.84 | 57.44 |
| 福瑞至 | 22.89 | 9.16 | 6.45 | 32.64 | 57.89 |
| 贝勒2号 | 22.71 | 10.13 | 10.57 | 30.15 | 52.94 |
| 枪手 | 25.39 | 8.25 | 5.42 | 32.64 | 59.16 |
| 美达 | 29.22 | 8.94 | 6.64 | 31.32 | 59.40 |

图 5-16  安宁河流域冬闲田燕麦

### 2. 布拖冬闲田燕麦产量

布拖县位于四川西南边缘，凉山州东南部金沙江流域，属亚热带滇北气候区，气候受季风影响较大，境内高海拔地区多，平均气温在10℃以下的时间每年近200d。2016年，在布拖县凉山州半细毛羊原种场（海拔2 600m）进行冬闲田燕麦种植。于10月10日播种，第二年的5月中旬刈割，10个燕麦品种的平均鲜草产量为2 833.64kg/亩，黑玫克最高，达3 690.73kg/亩；平均干草产量796.71kg/亩，福瑞至最高，达1 001.52kg/亩（表5-26，图5-17）。

表 5-26  乌蒙山区10个燕麦品种的产草量（布拖）

| 品种 | 鲜草产量（kg/亩） | 干草产量（kg/亩） |
| --- | --- | --- |
| 枪手 | 2 612.42 | 775.63 |
| 黑玫克 | 3 690.73 | 959.90 |
| 魅力 | 2 690.23 | 783.52 |

（续）

| 品种 | 鲜草产量（kg/亩） | 干草产量（kg/亩） |
| --- | --- | --- |
| 爱沃 | 2 712.47 | 728.06 |
| 福瑞至 | 3 446.17 | 1001.52 |
| 美达 | 3 157.13 | 874.61 |
| 太阳神 | 2 801.40 | 736.31 |
| 贝勒2号 | 2 779.17 | 761.39 |
| 贝勒 | 2 801.40 | 795.06 |
| 速锐 | 1 645.27 | 551.08 |
| 平均 | 2 833.64 | 796.71 |

图 5-17 布拖县燕麦种植

## 三、乌蒙山主峰段冬闲田燕麦

### （一）冬闲田食用燕麦种植模式及产量

会泽县地处滇东北高原，乌蒙山主峰地段。山高谷深，沟壑纵横。山川相间排列，山区、河谷条块分布。会泽县地势西高东低，南起北伏，由西向东呈阶梯状递减；最高峰大海梁子牯牛寨海拔4 017m，为曲靖市最高峰。会泽县属典型的温带高原季风气候，四季不明，夏无酷暑，冬季冷寒，干湿分明；立体气候特点突出，从南亚热带至寒温带气候均有分布。小江、牛栏江流域及大海梁子等地气候呈垂直分布，常常是山脚赤日炎炎，酷暑难耐，山顶云雾缭绕，寒气袭人。大海乡"五月飘雪""七月飞霜"的气候屡见不鲜。"一山分四季，隔里不同天"是会泽气候特征的真实写照。会泽县的海拔在2 200m以上，高原空气稀薄，辐射波短，日照时间长。年平均晴日 225d，年日照 2 100h，年平均气温 12.7℃。春季升温快，秋季降温快。

近几年，会泽县冬闲田燕麦发展迅速，到 2020 年，冬闲田燕麦种植面积达 10 万亩。在会泽县冬闲田燕麦种植模式多样，主要有单作、间套作、轮作等种植形式。燕麦单独作为前茬可与马铃薯、玉米、烟草等搭配，如实行秋播燕麦夏播马铃薯的轮作模式，即燕麦（秋播）＋马铃薯（夏播）＋燕麦（秋播）（图 5-18、图 5-19）；在海拔相对较低，热量充足的地方，也可采用燕麦（秋播）＋玉米（夏播）＋燕麦（秋播）等轮作模式（图 5-20）；此外，还有荞麦＋燕麦（图 5-21）、蔬菜＋燕麦（图 5-22）、水稻＋燕麦（图 5-23）、烤烟＋燕麦（图 5-24）等模式。

燕麦也可与玉米或豌豆间套作（图 5-25），或发展林下（核桃树）饲用燕麦种植等（图 5-26）。

图 5-18　秋播燕麦

图 5-19　燕麦收获后种植夏马铃薯

图 5 - 20　玉米收获后种植燕麦

图 5 - 21　荞麦收获后种植燕麦

图 5 - 22　蔬菜收获后种植燕麦

图 5 - 23　水稻收获后种植燕麦

图 5 - 24　烤烟收获后种植燕麦

图 5 - 25　燕麦＋玉米套种

图 5 - 26　核桃林下种植燕麦

2018 年，在会泽县大桥乡开展冬闲田食用燕麦（莜麦）试验示范，获得成功（图 5 - 27）。2018 年 10 月，引种 23 品种，分两个播期（10 月 19 日、10 月 26 日）在大桥乡杨梅山村进行试验示范，其中坝莜 1 号、坝莜 6 号、坝莜 13、坝莜 14、坝莜 18、白燕 2 号、香燕 8 号、香燕 13 等 8 个品种产量表现突出。

2019 年 5 月底至 6 月初的现场实收测产（表 5 - 27）：8 个参试品种生育期比地方种短 15～28d，亩产 218.7～367.0kg，较地方种亩增产 110.0～258.3kg，产量增幅为 101.2%～237.6%。综合性状较好的坝莜 14 生育期 206d，株高 78.8cm，千粒重 23.9g 折合亩产 367.0kg，比地方种增产 237.6%，居第一位；坝莜 13 生育期 210d，株高 80.8cm，千粒重 24.4g，折合亩产 335.3kg，比地方种增产 208.6%，居第二位。坝莜 1 号、坝莜 6 号、坝莜 13、坝莜 14、坝莜 18、白燕 2 号、香燕 8 号、香燕 13 等 8 个品种产量均在 200kg 以上，其中坝莜 14、坝莜 13、坝莜 18 产量明显高于其他燕麦品种。

图 5 - 27　会泽县食用燕麦（莜麦）

表 5 - 27　会泽县食用燕麦（莜麦）产量

| 品种 | 生育期/d | 株高/cm | 平均亩产/kg | 较对照增减 | |
|---|---|---|---|---|---|
| | | | | 增产/kg | 增幅/% |
| 坝莜 14 | 206 | 78.8 | 367.0 | 258.3 | 237.6 |
| 坝莜 13 | 210 | 80.8 | 335.4 | 226.7 | 208.6 |
| 坝莜 18 | 211 | 77.9 | 312.0 | 203.3 | 187.0 |

| 品种 | 生育期/d | 株高/cm | 平均亩产/kg | 较对照增减 | |
|---|---|---|---|---|---|
| | | | | 增产/kg | 增幅/% |
| 香燕 8 号 | 210 | 78.8 | 282.0 | 173.3 | 159.4 |
| 白燕 2 号 | 211 | 78.8 | 277.0 | 168.3 | 154.8 |
| 香燕 13 | 210 | 80.8 | 268.0 | 159.3 | 146.6 |
| 坝莜 6 号 | 219 | 78.8 | 254.7 | 146.0 | 134.3 |
| | 219 | 77.9 | 218.7 | 110.0 | 101.2 |
| | 234 | 77.9 | 108.7 | | |

在 2018 年秋播的基础上，于 2019 年在大桥乡杨梅山村继续对坝莜 1 号、坝莜 6 号、坝莜 13、坝莜 14、坝莜 18、白燕 2 号、香燕 8 号、香燕 13 等 8 个品种进行春播试验示范，以观察其适应性和产量的稳定性。于 2019 年 2 月 14 日播种，7 月现场实收测产（表 5-28）。从表 5-28 中可以看出：8 个参试品种生育期比地方种短 14～24d，亩产 293.1～329.0kg，较地方种亩增产 175.5～211.4kg，产量增幅为 149.2%～179.8%。综合性状较好的坝莜 13 生育期 137d，株高 92.4cm，千粒重 21.2g，折合亩产 329.0kg，比地方种增产 211.4%，居第一位；香燕 8 号生育期 129d，株高 102.1cm，千粒重 21.79g 折合亩产 320.8kg，比地方种增产 203.2%，居第二位。8 个燕麦品种产量在 293.1～329.0kg/亩，其中坝莜 13、香燕 8 号、坝莜 1 号、香燕 13、坝莜 6 号亩产量为 302.5～329.0kg。

表 5-28　会泽县食用燕麦（莜麦）产量

| 品种 | 生育期/d | 株高/cm | 平均亩产/kg | 较对照增减 | | 综合排名 |
|---|---|---|---|---|---|---|
| | | | | 增产/kg | 增幅/% | |
| 坝莜 13 | 137 | 92.4 | 329.0 | 211.4 | 179.8 | 1 |
| 香燕 8 号 | 129 | 102.1 | 320.8 | 203.2 | 172.8 | 2 |
| 坝莜 1 号 | 137 | 82.0 | 309.9 | 192.3 | 163.3 | 3 |
| 香燕 13 | 129 | 79.5 | 308.6 | 191.0 | 162.4 | 4 |
| 坝莜 6 号 | 137 | 79.1 | 302.5 | 184.9 | 157.2 | 5 |
| 坝莜 14 | 127 | 85.6 | 298.0 | 180.4 | 153.4 | 7 |
| 坝莜 18 | 127 | 95.2 | 293.1 | 175.5 | 149.2 | 8 |
| 本地种（对照） | 151 | 106.0 | 117.6 | | | 9 |

### （二）冬闲田食用燕麦主要营养成分

2019年8月，经中国农业科学院作物科学研究所谷物质量检测中心和农业农村部农产品及加工品质量监督检验测试中心（北京）检测，坝莜14、坝莜18、白燕2号比本地种燕麦主要营养成分含量高（表5-29）。可以看出坝莜14具有高蛋白质、低脂肪，富含氨基酸、β-葡聚糖（水溶性膳食纤维）、微量元素锌、硒的特点。

表5-29 会泽县冬闲田食用燕麦（莜麦）籽实主要营养成分

| 营养成分 | 本地品种 | 坝莜14 | 坝莜18 | 白燕2号 |
|---|---|---|---|---|
| 粗蛋白质/% | 13.12 | 16.35 | 13.47 | 18.25 |
| 粗脂肪/% | 10.01 | 9.12 | 10.17 | 9.38 |
| 粗淀粉/% | 60.92 | 58.47 | 61.18 | 55.37 |
| 直链淀粉/% | 31.51 | 27.79 | 28.29 | 28.67 |
| 氨基酸总量/% | 13.07 | 16.26 | 13.17 | 18.21 |
| β-葡聚糖/% | 2.52 | 4.41 | 4.75 | 4.22 |
| 锌/（mg/kg） | 20.9 | 25.4 | 19.9 | 33.3 |
| 硒/（mg/kg） | 未检出 | 0.061 0 | 未检出 | 0.020 7 |

在会泽县利用冬闲田发展燕麦产业，不仅具有较高的食用价值和产量，而且燕麦秸秆也具有较高的饲用价值，平均干秸秆产量500～550kg/亩（图5-28）。发展燕麦产业将极大地促进当地畜牧业的发展，确保会泽县在云南牛羊养殖第一的领先地位。

图5-28 燕麦秸草捆

燕麦是高寒冷凉地区的粮食作物之一，也是农村饲养家畜的优质饲料，燕麦不仅是良好的饲草，而且其籽粒亦为能量饲料。燕麦籽粒作为饲料的优点主要是蛋白质、粗纤维、粗脂肪、钙、磷、氨基酸以及多种抗氧化成分的含量在禾谷类作物中比较高。燕麦秸秆多汁柔嫩，富含营养物质，饲喂价值相对高，适口性好，是饲养幼畜、育肥的优质饲料。

2019 年，对 2 个粮饲兼用燕麦（香燕 8 号和蒙科 2 号）进行冬闲田种植试验（图 5－29），于 2019 年 11 月初播种，2020 年 6 月初收割，鲜草产量分别达 3 515.09kg/亩（表 5－30）和 4 650.11kg/亩，干草产量分别为773.32kg/亩和 1 023.02kg/亩。

表 5－30　会泽县粮饲兼用燕麦产量

| 品种 | 株高/cm | 鲜草产量/（kg/亩） | 干草产量/（kg/亩） |
|---|---|---|---|
| 香燕 8 号 | 150.6 | 3 515.09 | 773.32 |
| 蒙科 2 号 | 152.3 | 4 650.11 | 1 023.02 |
| 平均 | 151.5 | 4 082.60 | 898.17 |

图 5－29　粮饲兼用燕麦

## 四、滇西北高原冬闲田燕麦

丽江市位于青藏高原东南缘，滇西北高原，金沙江中游。属低纬暖温带高原山地季风气候。由于海拔高低悬殊，从南亚热带至高寒带气候均有分布，四季变化不大，干湿季节分明，气候的垂直差异明显，灾害性天气较多；年温差小而昼夜温差大，兼具海洋性气候和大陆性气候特征。古城区位于云南西北部横断山脉向云贵高原的过渡地段，兼有横断山峡谷和滇中高原特征。年均气温12.6℃，年均降雨量950mm，雨量丰沛，夏无酷暑，冬无严寒，气候宜人。立体气候明显，在海拔3 200m以上的高寒山区气候冷凉；在海拔2 400m左右的坝区气候温和，四季不分明；海拔1 800m以下的山区冬季温暖，夏季炎热，太阳辐射强。

2016年，在丽江市古城区开展冬闲田燕麦种植（图5-30），于11月8日播种，7~10d出齐苗，于2017年6月8日刈割，9个燕麦品种平均鲜草产量3 708.40kg/亩（表5-31），干草平均产量为1 259.74kg/亩，梦龙和陇燕2号干草产量可达1 561.48kg/亩和1 549.30kg/亩。

**表5-31　2017年丽江市古城区冬闲田燕麦产量**

| 品名 | 鲜草产量/（kg/亩） | 干草产量/（kg/亩） |
| --- | --- | --- |
| 燕麦478 | 2 965.93 | 1 003.84 |
| 陇燕4号 | 3 785.23 | 1 353.19 |
| 陇燕2号 | 4 477.79 | 1 549.30 |
| 白燕7号 | 4 124.28 | 1 372.16 |
| 陇燕3号 | 3 786.34 | 1 367.29 |
| 燕麦409 | 2 969.26 | 1 106.53 |
| 梦龙 | 4 906.90 | 1 561.48 |
| 伽利略 | 3 519.54 | 1 120.93 |
| 本地 | 2 840.31 | 902.91 |
| 平均 | 3 708.40 | 1 259.74 |

图 5 - 30　丽江市古城区冬闲田燕麦

### 五、长江中游冬闲田燕麦及生产性能

常德市位于湖南西北部，地处长江中游，属于中亚热带湿润季风气候向北亚热带湿润季风气候过渡的地带。气候温暖，四季分明，春秋短，夏冬长，热量丰富，雨量丰沛，春温多变，夏季酷热，秋雨寒秋，冬季严寒。常德市冬闲田资源丰富，利用冬闲田种植燕麦有一定的优势，可获得一定的产量。2016年，利用水稻冬闲田进行燕麦生产（图5-31），于10月10日播种，2017年4月15日刈割，燕麦干草产量为810～870kg/亩（表5-32）。

**表5-32 长江中游（湖南德阳）冬闲田燕麦产量（2016—2017年）**

单位：kg/亩

| 品种 | 鲜草产量 | 干草产量 |
|---|---|---|
| 白燕7号 | 3 438.39 | 849.28 |
| 科纳 | 2 817.08 | 860.34 |
| 甜燕 | 3 071.04 | 872.80 |
| 伽利略 | 3 313.29 | 818.62 |
| 平均 | 3 159.95 | 850.26 |

图5-31 常德市冬闲田燕麦

于2018年11月1日播种，于2019年5月上旬刈割，因为倒伏对饲草产

量造成不小的影响（图 5 - 32），干草产量为 520～590kg/亩（表 5 - 33），与
2016 年冬闲田燕麦相比，其产量降低 12.36%。

**表 5 - 33　长江中游**（湖南德阳）**冬闲田燕麦产量**（2018—2019 年）

单位：kg/亩

| 品种 | 株高/cm | 茎粗/mm | 干草产量/(kg/亩) | 倒伏率/% |
|------|---------|---------|------------------|----------|
| 甜燕麦 | 133.33 | 6.31 | 544.36 | 63.52 |
| 加燕 | 143.25 | 6.30 | 527.76 | 63.81 |
| 青海 444 | 155.12 | 6.28 | 589.70 | 35.88 |
| 平均 | 143.90 | 6.30 | 553.94 | 54.40 |

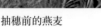
抽穗前的燕麦　　　　　　　　　　抽穗后倒伏的燕麦

图 5 - 32　常德市冬闲田倒伏燕麦

在 2018 年 11 月 1 日燕麦播种后多为少雨晴天，由于光照不充分，造成燕
麦生长差，茎秆不坚硬。2018 年 12 月 1 日至 2019 年 2 月 19 日，湖南平均日
照为 64.8h，为 1951 年有连续气象记录以来的同期最低值，较常年少 130.3h。
全省平均降水日数为 49.6d，较常年同期多 16.3d，为历史同期第二高值，仅
次于 1964 年同期的 52.7d。气温方面，2018 年入冬后，全省平均气温 5.9℃，
较常年同期低 0.7℃，其中 2018 年 12 月 19 日至 2019 年 1 月 18 日的阴雨寡照
天气过程持续时间长，为 1951 年有连续气象记录以来的极值。同时春季雨水
也比较多，造成植株生长不好，收获时分蘖数极少，显著低于 2017 年。春季
多雨多风，燕麦在高于 1m 后极易倒伏。

## 第四节 大凉山燕麦混播模式对产量的影响

### 一、燕麦＋光叶紫花苕混播

#### （一）产草量

安宁河流域冬闲田燕麦单播的鲜草产量为 5 178.95kg/亩（表 5-34），光叶紫花苕单播鲜草产量为 3 725.38kg/亩，混播鲜草产量为 5 137.85～6 433.24kg/亩，其中鲜草产量最高的是 50％燕麦＋50％光叶紫花苕，为 6 433.24kg/亩，其次是 75％燕麦＋25％光叶紫花苕，鲜草产量最低的是 25％燕麦＋75％光叶紫花苕。

表 5-34 燕麦与光叶紫花苕混播产量

| 处理 | 鲜草/<br>(kg/亩) | 干草/<br>(kg/亩) | 混播比燕麦<br>播提高/% | 混播比光叶紫<br>花苕单播提高/% |
| --- | --- | --- | --- | --- |
| 燕麦单播 | 5 178.95 | 1 477.47a | | |
| 25％燕麦＋75％光叶紫花苕 | 5 137.85 | 1 316.05a | −10.93 | 44.99 |
| 50％燕麦＋50％光叶紫花苕 | 6 433.24 | 1 634.17a | 10.61 | 80.04 |
| 75％燕麦＋25％光叶紫花苕 | 6 051.90 | 1 535.32a | 3.92 | 69.15 |
| 光叶紫花苕单播 | 3 725.38 | 907.68b | | |

注：同列中不同字母表示差异显著，$P<0.05$。同列中相同字母表示差异不显著，$P>0.05$。

燕麦单播的干草产量为 1 477.47kg/亩，混播的干草产量为 1 316.05～1 634.17kg/亩，光叶紫花苕的干草产量为 907.68kg/亩，经方差分析得出燕麦单播和燕麦苕子混播的干草产量显著（$P<0.05$）高于光叶紫花苕的干草产量，燕麦与 3 个混播处理之间的干草产量差异不显著（$P>0.05$），混播中干草产量高的是 50％燕麦＋50％光叶紫花苕，其次是 75％燕麦＋25％光叶紫花苕的干草产量。混播中除 25％燕麦＋75％光叶紫花苕的干草产量低于燕麦单播产量外，其余混播的干草产量比燕麦单播产量提高 3.92％～10.61％，混播各处理干草产量比光叶紫花苕单播产量提高 44.99％～80.04％，可知安宁河流域冬闲田燕麦与光叶紫花苕混播草地的最适比例为 50％燕麦＋50％苕子。

#### （二）混播生物量构成动态

混播生物量是由燕麦和光叶紫花苕共同构成的，二者在各生物量构成所占比例及其变化趋势见表 5-35。混播群落在形成发育成熟的过程中，燕麦和光叶紫花苕在生物量中所占比例也随之发生变化，在不同测定时期 25％燕麦＋75％光叶紫花苕、50％燕麦＋50％光叶紫花苕、75％燕麦＋25％光叶紫花苕混播处理中燕麦生物量占总生物量的比例保持在 63.90％、80.02％、92.33％以上，光叶紫花苕生物量占总生物量的比例保持在 15.61%、8.41%、5.39% 以上，说明燕麦在混播生物量构成中一直占主导地位，在群落中占优势。

表 5-35 燕麦与光叶紫花苕混播群落生物量比例动态

单位：%

| 处理 | 测定日期（日/月） | | | | | | | | | |
|------|------|------|------|------|------|------|------|------|------|------|
| | 22/1 | | 2/2 | | 27/2 | | 14/3 | | 27/3 | |
| | Y | S | Y | S | Y | S | Y | S | Y | S |
| 25%Y+75%S | 76.34 | 23.66 | 75.55 | 24.45 | 63.90 | 36.10 | 83.42 | 16.58 | 84.39 | 15.61 |
| 50%Y+50S | 82.76 | 17.24 | 89.58 | 10.42 | 80.02 | 19.98 | 91.59 | 8.41 | 89.65 | 10.35 |
| 75%Y+25%S | 94.35 | 5.65 | 93.77 | 6.23 | 93.35 | 6.65 | 92.33 | 7.67 | 94.61 | 5.39 |

注：Y 为燕麦，S 为光叶紫花苕。

### （三）生物量积累速率

将相邻两次测试的生物量相减，再除以生长时间，即得出某一时期生物量的积累速率。燕麦单播从出苗后的 10 月 21 日到第二年 3 月 27 日，生物量积累速率为 8.35～44.25g/（$m^2$·d）（表 5-36），混播处理中 25% 燕麦+75% 光叶紫花苕的生物量积累速率为 6.82～36.89g/（$m^2$·d），50% 燕麦+50% 光叶紫花苕的生物量积累速率为 7.46～49.19g/（$m^2$·d），75% 燕麦+25% 光叶紫花苕的生物量积累速率为 4.89～53.53g/（$m^2$·d），光叶紫花苕单播生物量积累速率为 4.24～21.07g/（$m^2$·d），单播与混播各处理生物量积累模式均为前期慢，拔节期（现蕾期）生物积累速率逐渐加快，到孕穗—抽穗（初花—盛花）生物积累速率达到最快，为 21.07～53.53g/（$m^2$·d），随后开始减慢，说明安宁河流域利用冬闲田种植燕麦和光叶紫花苕混播草地生物量积累速率的高峰期在孕穗—抽穗期（或初花—盛花期），此期加强田间管理，可有效提高牧草产量。

表 5-36 单播及混播燕麦与光叶紫花苕牧草群落生物量积累速率

单位：g/（$m^2$·d）

| 处理 | 测定日期（日/月） | | | | |
|------|------|------|------|------|------|
| | 21/10—22/1 | 23/1—2/2 | 3/2—27/2 | 28/2—14/3 | 15/3—27/3 |
| 燕麦单播 | 8.35 | 14.93 | 16.85 | 44.25 | 15.17 |
| 25%燕麦+75%光叶紫花苕 | 6.82 | 12.98 | 20.33 | 36.89 | 10.85 |
| 50%燕麦+50%光叶紫花苕 | 7.46 | 11.85 | 20.02 | 49.19 | 34.99 |
| 75%燕麦+25%光叶紫花苕 | 7.54 | 10.40 | 25.08 | 53.53 | 4.89 |
| 光叶紫花苕单播 | 4.24 | 5.48 | 18.14 | 21.07 | 12.21 |

### (四) 草群高度变化

在不同生育期混播组中25％燕麦＋75％光叶紫花苕、50％燕麦＋50％光叶紫花苕、75％燕麦＋25％光叶紫花苕中的燕麦和光叶紫花苕比燕麦单播高度都有所增加，在拔节—初花期，混播组合中的燕麦株高分别为 62.36cm、65.07cm、69.13cm，比燕麦单播提高 0.34％、4.70％、11.23％，混播中光叶紫花苕株高比光叶紫花苕单播株高提高 7.60％、10.50％、18.69％，到灌浆—结荚期，混播组合中的燕麦株高分别为 137.29cm、142.11cm、141.75cm，分别比燕麦单播株高 134.33cm 提高 2.20％、5.79％、5.52％，混播组合中的光叶紫花苕草群高度为 85.74cm、85.15cm、86.36cm，比光叶紫花苕单播 73.37cm 提高 16.86％、16.06％和17.70％（表5-37）。在燕麦与光叶紫花苕混播草地中，由于牧草生长初期燕麦与光叶紫花苕个体较小，资源需求强度较弱，燕麦对光叶紫花苕荫蔽度较小，光叶紫花苕依赖自身生长特性横向扩展。在拔节期，混播牧草个体变大，资源需求增强，促使燕麦植株迅速长高，对光叶紫花苕的荫蔽度增强，行间光照已不能满足光叶紫花苕生长需求，光叶紫花苕为了获得生存所需光照，以混播中燕麦的直立茎秆为支撑，上层枝叶向更高的空间伸展，使群落形成较高的冠层，改善了混播草层受光结构，提高了光能利用率，下层枝叶由于光照充足，透气性好，能够保持良好生长，不仅减少了单播种群中常出现的下层枝叶脱落或霉变发黄现象，而且增强光叶紫花苕顶端对光照的竞争能力。光叶紫花苕植株增高，促进燕麦向更高处生长，燕麦与光叶紫花苕株高变化具有比单播植物高度高的趋同现象，混播牧草的种内、种间竞争关系趋于复杂化，混播草地种间关系表现为互惠与竞争的动态平衡。

表5-37　燕麦与光叶紫花苕草群高度

单位：cm

| 处理 | 测定日期 (日/月) | | | | | | | | | |
|---|---|---|---|---|---|---|---|---|---|---|
| | 22/1 | | 2/2 | | 27/2 | | 14/3 | | 27/3 | |
| | Y | S | Y | S | Y | S | Y | S | Y | S |
| Y 单播 | 62.15 | | 75.09 | | 92.32 | | 104.26 | 78.08 | 134.33 | |
| 25％Y＋75％S | 62.36 | 38.22 | 76.89 | 50.48 | 95.85 | 77.30 | 106.18 | 78.7 | 137.29 | 85.74 |
| 50％Y＋50S | 65.07 | 39.25 | 79.93 | 54.05 | 101.61 | 78.09 | 108.09 | 77.15 | 142.11 | 85.15 |
| 75％Y＋25％S | 69.13 | 42.16 | 86.14 | 56.4 | 110.6 | 75.88 | 113.86 | 64.8 | 141.75 | 86.36 |
| S 单播 | | 35.52 | 47.71 | 47.71 | | 63.57 | | | | 73.37 |

注：Y 为燕麦，S 为光叶紫花苕。

### (五) 种间竞争力变化

在混播中，由于豆科牧草和禾本科牧草生态位不同，对光、热、水、土壤、养分等资源的利用也不同，但由于环境资源的有限性，两种牧草间存在着激烈的竞争，并影响二者在混播中的作用与地位，从而影响生产力。相对产量总和（RYT）可说明植物种间在资源利用上的不同。25%燕麦＋75%光叶紫花苕、50%燕麦＋50%光叶紫花苕、75%燕麦＋25%光叶紫花苕3个混播组合在3月27日灌浆—结荚期的RYT分别为0.92、0.97、0.98，均小于1，说明在这个时期混播中的燕麦与光叶紫花苕对水分、营养、光、热的利用上表现出相互拮抗关系。25%燕麦＋75%光叶紫花苕和50%燕麦＋50%光叶紫花苕从拔节到抽穗期的RYT均大于等于1，表明在生长发育前期这两个混播组合占有不同的生态位，利用共同或不同的资源，表现出一定的协调关系。75%燕麦＋25%光叶紫花苕在拔节期的RYT分别为0.95和0.93，小于1，而到孕穗及抽穗期的RYT为1.06和1.18，大于1，表明75%燕麦＋25%光叶紫花苕混播在拔节期表现出相互拮抗关系，随着生长的加快，表现为共生关系。竞争率（CR）能表明混播中某种植物竞争力的强弱，间竞争力总有一方占优势。50%燕麦＋50%光叶紫花苕和75%燕麦＋25%光叶紫花苕中，燕麦的CR都大于1，25%燕麦＋75%光叶紫花苕中，燕麦的CR在孕穗前小于1，抽穗以后燕麦的CR大于1，说明在燕麦与光叶紫花苕混播群落中燕麦的竞争力强于光叶紫花苕，燕麦抑制了光叶紫花苕的生长，在竞争中占优势（表5-38）。

表5-38　燕麦与光叶紫花苕混播草地群落相对总生物量及种间竞争率

| 处理 | | 测定日期（日/月） | | | | |
|---|---|---|---|---|---|---|
| | | 22/1 | 2/2 | 27/2 | 14/3 | 27/3 |
| 25%Y+75%S | RYT | 1.02 | 1.05 | 1.11 | 1.02 | 0.92 |
| | $CR_Y$ | 0.53 | 0.52 | 0.37 | 1.04 | 1.15 |
| | $CR_S$ | 1.87 | 1.91 | 2.66 | 0.96 | 0.87 |
| 50%Y+50%S | RYT | 1.06 | 1.01 | 1.00 | 1.06 | 0.97 |
| | $CR_Y$ | 2.36 | 3.61 | 2.57 | 6.71 | 5.13 |
| | $CR_S$ | 0.42 | 0.27 | 0.39 | 0.15 | 0.19 |
| 75%Y+25%S | RYT | 0.95 | 0.93 | 1.06 | 1.18 | 0.98 |
| | $CR_Y$ | 26.22 | 21.26 | 26.66 | 23.33 | 22.18 |
| | $CR_S$ | 0.04 | 0.05 | 0.04 | 0.04 | 0.57 |

注：Y为燕麦，S为光叶紫花苕。

## 二、燕麦＋饲用豌豆混播

### （一）产草量

安宁河流域利用冬闲田种植燕麦和饲用豌豆，于10月12日播种，10月

21日出苗，到第二年3月中旬燕麦抽穗，豌豆完熟时测定产草量，得出燕麦单播的鲜草产量为4 929.9kg/亩，豌豆单播鲜草产量为3 328.58kg/亩，混播鲜草产量为5 001.87～5 174.59kg/亩，燕麦单播和燕麦与豌豆混播的鲜草产量显著（$P<0.05$）高于豌豆单播的鲜草产量，燕麦单播与燕麦与豌豆混播鲜草产量差异不显著（$P>0.05$）（表5-39）。

　　燕麦单播的干草产量为1 359.68kg/亩，混播的干草产量为1 472.67～1 600.60kg/亩，豌豆的干草产量为1 246.33kg/亩，50％燕麦＋50％豌豆混播的干草产量显著（$P<0.05$）高于豌豆单播，与燕麦单播、25％燕麦＋75％豌豆、75％燕麦＋25％豌豆混播差异不显著（$P>0.05$），混播中干草产量高的是50％燕麦＋50％豌豆为1 600.60kg/亩，其次是25％燕麦＋75％豌豆为1 492.40kg/亩，最低为75％燕麦＋25％豌豆。混播的干草产量比燕麦单播产量提高2.78％～17.72％，混播各处理干草产量比豌豆单播产量提高12.12％～28.42％，因此在安宁河流域利用冬闲田种植燕麦与豌豆50％燕麦＋50％豌豆为最适混播比例。

表5-39　燕麦与饲用豌豆混播产量

| 处理 | 鲜草/（kg/亩） | 干草/（kg/亩） | 混播比燕麦播提高/% | 混播比豌豆单播提高/% |
|---|---|---|---|---|
| 燕麦单播 | 4 929.9a | 1 359.68ab | | |
| 25％燕麦＋75％豌豆 | 5 174.59a | 1 492.40ab | 2.78 | 12.12 |
| 50％燕麦＋50％豌豆 | 5 151.80a | 1 600.60a | 17.72 | 28.42 |
| 75％燕麦＋25％豌豆 | 5 001.87a | 1 472.67ab | 8.31 | 18.15 |
| 豌豆单播 | 3 328.58b | 1 246.33b | | |

注：同列中不同字母表示差异显著，$P<0.05$。同列中相同字母表示差异不显著，$P>0.05$。

### （二）混播生物量构成动态

　　混播生物量是由燕麦和豌豆共同构成的，受二者在各生物量构成中所占比例（豆禾产量比）及种群消长动态可调控混播草地生产性能的维持等方面影响。混播群落在形成、发育、成熟与衰败过程中，燕麦和豌豆在生物量中所占比例也随之发生变化，生长前期25％燕麦＋75％豌豆的混播组合中燕麦的比例为42.15％～47.08％，豌豆比例为52.92％～58.78％，50％燕麦＋50％豌豆中燕麦比例为50.56％～63.23％，豌豆比例为36.74％～49.44％，75％燕麦＋25％豌豆中燕麦比例为60.06％～64.30％，豌豆比例为35.70％～39.94％，生长中期3个混播组合中燕麦比例为56.13％～81.35％，豌豆比例为18.65％～43.87％，生长后期3个混播组合中燕麦比例为72.03％～83.41％，豌豆比例为16.59％～27.97％，表现出较强的随播种比例的增加而组分增加的趋势，生长中后期燕麦与豌豆混播组合表现为燕麦组分高于豌豆（表5-40）。

表5-40　燕麦与豌豆混播群落生物量比例动态

单位：%

| 处理 | 测定日期（日/月） | | | | | | | | | |
| --- | --- | --- | --- | --- | --- | --- | --- | --- | --- | --- |
| | 4/1 | | 22/1 | | 2/2 | | 27/2 | | 14/3 | |
| | Y | W | Y | W | Y | W | Y | W | Y | W |
| 25%Y+75%W | 42.15 | 57.84 | 47.08 | 52.92 | 41.22 | 58.78 | 56.13 | 43.87 | 72.03 | 27.97 |
| 50%Y+50W | 50.56 | 49.44 | 63.23 | 36.74 | 52.68 | 47.32 | 74.28 | 25.67 | 74.36 | 25.64 |
| 75%Y+25%W | 64.06 | 35.94 | 64.30 | 35.70 | 60.06 | 39.94 | 81.35 | 18.65 | 83.41 | 16.59 |

注：Y为燕麦，W为豌豆。

### （三）生物量积累速率

将相邻两次测试的生物量相减，再除以生长时间，即得出某一时期生物量的积累速率。燕麦单播从出苗后（10月21日）到第二年3月14日，生物量积累速率为4.71~50.50g/（$m^2 \cdot d$），混播处理中，25%燕麦+75%豌豆的生物量积累速率为5.08~58.90g/（$m^2 \cdot d$），50%燕麦+50%豌豆的生物量积累速率为5.89~63.30g/（$m^2 \cdot d$），75%燕麦+25%豌豆的生物量积累速率为5.77~54.84g/（$m^2 \cdot d$），豌豆单播生物量积累速率为6.97~30.49g/（$m^2 \cdot d$）（表5-41），燕麦单播与混播各处理生物量积累模式均为前期慢，拔节开始积累速率加快，拔节盛期—结荚期生物量积累速率最快，孕穗—乳熟期开始减慢，抽穗—完熟期积累速率又加快，说明生物量积累速率出现两次高峰期，即拔节盛期和抽穗期。豌豆单播表现为现蕾开始生物量积累速率开始加快，到结荚期达到最高，乳熟期开始逐渐下降，到完熟期逐渐降到最低，因此安宁河流域燕麦与豌豆混播在燕麦抽穗，豌豆完熟时刈割能获得较高产量。

表5-41　单播及燕麦与豌豆混播牧草群落生物量积累速率

单位：g/（$m^2 \cdot d$）

| 处理 | 测定日期（日/月） | | | | |
| --- | --- | --- | --- | --- | --- |
| | 21/10—4/1 | 5/1—22/1 | 23/1—2/2 | 3/2—27/2 | 28/2—14/3 |
| 燕麦单播 | 4.71 | 11.57 | 30.10 | 15.70 | 50.50 |
| 25%燕麦+75%豌豆 | 5.08 | 14.03 | 28.70 | 16.40 | 58.90 |
| 50%燕麦+50%豌豆 | 5.89 | 16.66 | 24.72 | 17.69 | 63.30 |
| 75%燕麦+25%豌豆 | 5.77 | 14.26 | 16.51 | 20.81 | 54.84 |
| 豌豆单播 | 6.97 | 7.57 | 30.85 | 30.49 | 6.01 |

### （四）草群高度变化

混播的豆禾牧草对光的竞争来自邻株植物的遮荫，植株越高越有利于获得更多有限的光资源。因此，株高是植物竞争能力的重要组成部分，也反映了混播牧草垂直方向上的竞争状况。在不同生育期混播组合（25％燕麦＋75％豌豆、50％燕麦＋50％豌豆、75％燕麦＋25％豌豆）中的燕麦和豌豆比其单播高度都有所增加，在拔节—现蕾期，混播组合中的燕麦株高分别为53.78cm、54.90cm、53.12cm，比燕麦单播提高2.23％～5.66％，混播中除50％燕麦＋50％豌豆外，其余混播豌豆株高与单播豌豆提高0.43％～4.48％。所有混播组合，拔节—盛花混播中燕麦比单播燕麦株高提高3.91％～7.35％，豌豆株高提高5.15％～15.21％，拔节—结荚混播中燕麦比单播燕麦株株高提高11.99％～13.40％，豌豆株高提高11.50％～22.77％，孕穗—乳熟混播中燕麦比单播燕麦株高提高0.19％～2.25％，豌豆株高提高8.98％～20.74％，抽穗—完熟混播中燕麦比单播燕麦株高提高1.37％～5.27％，豌豆株高提高4.42％～15.36％（表5-42）。

在混播组合中，燕麦的株高显著高于豌豆株高，这与燕麦的叶片位置较高，在竞争中占据竞争等级的上部有关，豌豆叶片位置较低，处于竞争等级的较低位置，因此豌豆垂直方向上的生长易受到抑制。燕麦前期生长迅速，到抽穗期已基本完成营养生长，进入生殖生长，株高变化不大。豌豆在现蕾期之前的生长速度较为平衡，进入现蕾期后生长速度明显加快，这说明燕麦和豌豆对资源的最大需求出现在不同时期，即资源需求不同步，具有时间互补性（表5-43）。各混播组分对资源的利用是在竞争的基础上相互促进，具有协同效应。种间协同效应优化了资源组合，提高了对光能、养分、水分等资源的利用率。燕麦和豌豆在株高增长过程中的协同作用，使混播群落形成了较高的冠层，提高了光能利用率，改善了混播草层受光结构，使豌豆下层枝叶能够正常生长，增大了牧草中叶片的含量，改善了牧草的品质及适口性。

表5-42　燕麦与豌豆草群高度

单位：cm

| 处理 | 测定日期（日/月） | | | | | | | | | |
|---|---|---|---|---|---|---|---|---|---|---|
| | 4/1 | | 22/1 | | 2/2 | | 27/2 | | 14/3 | |
| | Y | W | Y | W | Y | W | Y | W | Y | W |
| Y单播 | 51.96 | | 68.97 | | 81.51 | | 104.57 | | 112.67 | |
| 25％Y＋75％W | 53.78 | 70.50 | 71.71 | 89.21 | 92.43 | 97.97 | 106.00 | 98.97 | 114.21 | 85.98 |
| 50％Y＋50％W | 54.90 | 67.32 | 74.04 | 84.77 | 91.28 | 90.53 | 106.92 | 92.27 | 116.89 | 89.28 |
| 75％Y＋25％W | 53.12 | 67.77 | 71.67 | 81.42 | 91.46 | 88.98 | 104.77 | 89.33 | 118.61 | 80.81 |
| 豌豆单播 | | 67.48 | | 77.43 | | 79.80 | | 81.97 | | 77.39 |

注：Y为燕麦，W为豌豆。

表 5 - 43　燕麦与豌豆混播群落相对总生物量和种间竞争率

| 处理 | | 测定日期（日/月） | | | | |
|---|---|---|---|---|---|---|
| | | 4/1 | 22/1 | 2/2 | 27/2 | 14/3 |
| 50％Y+50％W | RYT | 1.10 | 1.12 | 1.02 | 1.01 | 1.21 |
| | $CR_Y$ | 1.35 | 2.16 | 1.21 | 4.18 | 2.76 |
| | $CR_W$ | 0.74 | 0.46 | 0.83 | 0.24 | 0.36 |
| 75％Y+25％W | RYT | 1.12 | 1.11 | 0.91 | 1.08 | 1.10 |
| | $CR_Y$ | 7.05 | 5.57 | 5.02 | 19.34 | 13.86 |
| | $CR_W$ | 0.14 | 0.18 | 0.20 | 0.06 | 0.07 |

注：Y 为燕麦，W 为豌豆。

# 第六章

# 燕麦种植技术

## 第一节　北方燕麦种植技术

### 一、品种选择

#### （一）品种特性

目前我国燕麦品种主要有两类，即国产燕麦品种和国外品种。国产燕麦品种主要有青海燕麦，如青引 1 号、青引 2 号、青海 444、加燕 2 号等；甘肃燕麦，如陇燕 1 号、陇燕 2 号、陇燕 3 号等（表 6-1）。国产燕麦品种耐旱、耐寒、耐瘠薄，易管理，对土壤要求不严，生育期适中，对我国北方气候适应性强，适宜在旱地、高寒冷凉、瘠薄地区种植。对生产条件要求较低，表现出较好的生产性能（图 6-1）。

表 6-1　国产部分饲用燕麦品种特性

| 品种名称 | 生育期/d | 特性 |
|---|---|---|
| 青引 1 号 | 100～110 | 草籽兼用型，株高 155～177cm，籽实浅黄色，千粒重 30.2～35.6g，茎叶柔软，适口性好，各类家畜均喜食 |
| 青引 2 号 | 96～106 | 草籽兼用型，株高 154～171cm，千粒重 30.2～34.8g，籽实浅黄色，千粒重 30～35g。株高 140～160cm，茎秆径粗 0.4～0.6cm，叶宽 1.3～1.7cm。产籽 250～300kg/亩。通常在海拔 3 400m 以上的地区种子难成熟，宜作饲草种植。具有耐瘠薄、耐寒、较抗倒伏的特点，适应性强 |
| 青海甜燕麦 | 120～135 | 中晚熟草籽兼用品种，株高 159～175cm。圆锥花序侧散，种子白色至乳白色，外稃无芒，粒大饱满，千粒重 30～45g。穗轴基部明显扭曲。生长整齐，抗倒伏，不甚耐旱，群体密度稍差。茎叶有甜味，适口性好，籽实产量 200～270kg/亩。茎占全株重的 58.1%，叶占 17.25%，花序占 17.25%。在海拔 3 000m 以上的地区难成熟，宜作饲草种植 |
| 林纳 | 115～135 | 中晚熟品种，株高 144～161cm，千粒重 24.8～35.8g。株高适中，不倒伏，种子产量高，熟期一致，长势整齐，叶量丰富，适口性好。平均种子产量 356kg/亩，籽粒粗蛋白含量 11.03%，粗脂肪含量 3.96%，$\beta$-葡聚糖含量 4.2%，壳率低（37.4%），出籽率高，破损率低，适合燕麦食品加工 |

（续）

| 品种名称 | 生育期/d | 特性 |
|---|---|---|
| 青燕1号 | 82～122 | 早熟品种，株高155～167cm，平均有效分蘖2.05个，籽粒黑褐色，千粒重24.0～33.2g。种子产量达226kg/亩，其籽粒粗蛋白含量16.13%，粗脂肪含量4.75%，β-葡聚糖含量4.5%。该品种生长整齐，穗头大，早熟，饲草、种子产量高，稳产耐贫瘠，适应性强，易管理 |
| 白燕7号 |  | 中早熟品种、粮饲兼用、产量、品质、抗逆性强。平均株高161cm，主穗粒数44.7个，小穗数23.8个，千粒重28.7g，籽粒粗蛋白含量12.26%，粗脂肪含量4.18%，β-葡聚糖含量4.5%，品质优良，营养丰富，商品价值高。种子产量为223kg/亩 |
| 加燕2号 | 110～130 | 产量高、品质好、再生力强、种子成熟不落粒，千粒重33～35.5g，草籽兼用型。株高150～170cm，茎粗0.45～0.65cm，可在农区旱地种植，产籽实300～350kg/亩 |
| 青海444 | 90～110 | 中早熟品种，草籽兼用品种。株高150～170cm，籽粒黑色，有光发亮，具短芒，千粒重33～35g。籽实产量180～210kg/亩，耐寒抗旱性好，抗逆性强，较抗倒伏 |
| 巴燕3号 | 82～100 | 早熟品种，株高125～157cm，籽粒灰褐色，千粒重24～33g。生长整齐，早熟，饲草、种子产量高，稳产耐贫瘠，适应性强，易管理 |

注：燕麦是一年生作物，其产量、品质等农艺性状受环境影响较大，在大风大雨条件下易发生倒伏。

图6-1 国产燕麦

国外燕麦品种，即进口燕麦品种，主要有美国燕麦和加拿大燕麦，如贝勒、福瑞至、黑玫克等（表6-2）。国外燕麦品种具有较好的优良性状（图6-2），但其优良性状需要好的生产条件才能表现出来，对水分比较敏感，需要精耕细作，特别是在有灌溉条件或降雨量在400mm的地区生长良好。

表6-2 国外部分饲用燕麦品种特性

| 品种名称 | 成熟期 | 特性 |
|---|---|---|
| 速锐 | 早熟 | 抗倒伏，抗病性强，生长速度快，牧草产量高 |
| 美达 | 早熟 | 生长速度快，叶茎比高，牧草产量高，耐寒抗旱能力强 |
| 贝勒 | 中熟 | 综合性状田间表现稳定，抗病虫害能力突出，高产优质 |
| 枪手 | 中熟 | 强抗寒，抗倒伏能力强，牧草产量高，抗病虫能力强 |
| 魅力 | 中熟 | 籽粒饱满，出苗快，耐寒抗旱能力强，分蘖能力强 |
| 太阳神 | 中熟 | 籽粒饱满，高产优质，抗寒能力强，茎秆有力，抗倒伏 |
| 福瑞至 | 中晚熟 | 叶片宽大螺旋向上，竞争能力强，产量高，抗逆性强 |
| 贝勒2号 | 晚熟 | 种子活力高，出苗快，建植率高，叶量丰富，产草量高 |
| 黑玫克 | 晚熟 | 叶片宽大，叶茎比高，产量高，牧草品质好，耐贫瘠 |
| 爱沃 | 超晚熟 | 分蘖能力强，产量高，品质优，智力生长，抗倒伏能力强 |

注：燕麦是一年生作物，其产量、品质等农艺性状受环境影响较大，在大风大雨条件下易发生倒伏。

图6-2 进口燕麦品种

### （二）燕麦品种的特性

国产燕麦品种具有耐旱、耐寒、耐瘠薄、生育期短、耐粗放管理等特点，适宜在高寒冷凉区、旱地、瘠薄地种植。对生产条件要求较低。

国外燕麦品种生产条件要求较高，需要精耕细作，特别是要求有灌溉条件。

根据燕麦生育天数长短，划分为极早熟型品种≤85d，早熟型品种86～100d，中熟型品种101～115d，晚熟型品种116～130d，极晚熟型品种为＞130d。

### （三）燕麦品种的选择

根据生产条件及土壤、气候等因素选择燕麦品种，一般高寒冷凉区、旱地、土壤瘠薄、生产条件较差地区的燕麦种植户，以国产品种为好。

倘若生产条件优越，土壤肥沃，有灌溉条件，具有精耕细作能力的种植户可适当选用国外品种。

## 二、播前准备

### （一）地块选择

选择地势平坦，相对较大的地块种植燕麦（图6-3），这样有利于机械化播种、收获等作业。燕麦对土壤要求不严，各类土壤均可种植，但喜欢生长在疏松的土壤中，土壤耕层深厚，土质疏松、有机质含量在1%以上的肥沃土壤，前茬未使用过高毒、高残留农药的马铃薯、甜菜、荞麦、玉米等地块为宜。苜蓿是燕麦最好的前茬作物，燕麦也是苜蓿倒茬的最佳作物，可优先考虑。

具备灌溉条件的地块是种植燕麦最理想的地块，也是保障燕麦高产的基础，应优先选择。

图6-3 适于种植燕麦的地块

### （二）轮作倒茬

燕麦与其他多数作物一样，不宜连作。长期连作一是病害增多，特别是黑穗病，条件适宜的年份往往会造成病害蔓延，使燕麦产量严重受损；二是杂草增多，燕麦幼苗生长缓慢，极易受杂草抑制，严重影响燕麦的生长；三是不能充分利用养分。种植第一季燕麦应轮作倒茬（图6-4）。前茬可选择玉米、大豆、油菜、马铃薯、甜菜、苜蓿等作物（图6-5）。北方燕麦一般采用单作的种植形式。

图6-4　燕麦轮作倒茬

图6-5　苜蓿后种植燕麦

### （三）种植模式

**1. 一年一季**

适宜寒旱区，无霜期100d左右的地区。

**2. 一年两茬燕麦**

适宜有灌溉条件，且无霜期在140d以上的地区，可春播燕麦，7月底至8月初再播种一茬燕麦。

**3. 春闲田燕麦**

适宜向日葵主产区，如河套灌区在播向日葵之前，于3月中下旬播种燕麦，6月上旬将燕麦收割后，再种向日葵（图6-6）；或在主要作物播种前60～70d的空档期播种燕麦，燕麦收割后再播种主要作物。

图 6-6 向日葵前种一茬燕麦

### 4. 秋闲田燕麦

适宜小麦主产区，如河套灌区在 7 月中下旬收割小麦后，7 月下旬至 8 月初再播种燕麦，10 月中下旬收割燕麦（图 6-7）；另外，其他作物收割后，仍有 60d 以上的空档期，可再种一茬燕麦。

图 6-7 小麦后复种燕麦

## 三、整地与施肥

北方燕麦以春播、夏播或夏末秋初（立秋前）播为宜，由于播种期不同，对整地的要求也不尽相同。

### （一）春播地

大部分地区燕麦为春播，所以要做好上一年的秋季深耕整地工作（图 6-8），为第二年燕麦春播做好准备。秋耕施肥，为了确保在短时间内完成整地施肥工作，应做到边收、边灭茬、边施肥、边深耕，改良土壤理化性状，提高土壤的蓄水保墒能力。

燕麦虽在瘠薄的土壤也能生长，但施以适当的肥料，对其生长颇有益处。因此，施足底肥对提高燕麦产量极为重要，一般燕麦地需要每亩施优质农家肥料 1 500kg 以上，而且要施足、施匀，大块肥料应打碎、打细。燕麦丰产需要氮、磷肥，有时也需要钾肥。通常在播种前，可施过磷酸钙 25～30kg/亩，及适量钾肥。

燕麦须根发达，在秋季翻地时，适宜深翻 25～30cm，翻后及时耙地和耱地镇压。11 月中下旬，灌溉秋翻整地后的地块，为春季顶凌播种打下墒情。如果冬灌有困难，也可春灌，以保证适时播种。

图 6-8　春季整地

## （二）夏播地

有两种情况。一是到夏天雨季到来时播种，多为寒旱区，一年只收一茬燕麦，这种情况多为旱地燕麦。

二是有部分热量充足，生育期相对较长，并具有灌溉条件的地区，在小麦等作物收获后还有 60～70d 或更长的适宜作物生长的时间，可以夏播燕麦。由于受前茬收获期的制约，留给燕麦夏播的时间较短，因此在前茬作物收获后，有条件的地区每亩施优质厩肥 1 500kg 以上作为底肥。此外，还应注意：一是应及时灌溉深耕整地，带墒播种；二是及时深耕整地（图 6-9），播种后灌水（也叫盖头水）。不管哪种播种方式，整地均应做到土细、墒好、无杂物。尤其在高海拔区，争取早耕深耕，是防旱保墒、全苗、壮苗，提高产量的一个先决条件。燕麦之所以缺苗断垄比较严重，从客观上讲，主要是整地粗糙、土壤悬虚、土壤墒情不好和虫害、鸟害所致。

图 6-9　夏季整地

（三）整地标准

播种燕麦的地块保持上虚下实。为给燕麦种子萌芽出苗创造一个无土块、无根茬的环境，处理土地使其平整细碎，悬虚的土层踏实，造成上虚下实，水肥气热协调的良好环境。整地早，整地好，土壤水分得到蓄存，是形成齐苗、全苗、壮苗的基础（图6-10、图6-11）。

图6-10　整地后的上虚下实土壤

图6-11　上虚下实土壤上的燕麦出苗

（四）整地方法

春播以秋翻整地为宜，耕翻深度25～30cm，翻后耙耱、整平（图6-12）。夏播在第一季收获后，及时用轻耙耙地或用旋耕机旋耕整平。

图 6 - 12　土地整平

## 四、播种

### (一) 种子处理

#### 1. 选种

播种前对种子做进一步的精选和处理，是提高种子质量，保证苗全、苗壮的重要措施之一。选种是提高种子质量既简单又有效的办法，俗话说"母壮儿肥""好种出好苗"就是选种道理。对燕麦来说，选种更为重要，因为燕麦为圆锥花序，小穗与小穗间，粒与粒间的发育、成熟程度不一致（图 6 - 13），小穗以顶部小穗发育最好，粒以小穗基部发育最好，所以应通过风选或筛选，选出粒大而饱满的种子供播种使用。

图 6 - 13　燕麦选种

**2. 晒种**

晒种（图6-14）的目的，一是为了促进种子后熟作用，二是利用阳光中的紫外线杀死附着在种子表皮上的病菌，以减少菌源，减轻病害。另外，通过晒种，能使种子内部发热变化，促进早发芽，提高发芽率，因此是一个经济有效的增产措施。晒种方法：在播种前几天，选择无风的晴天，在硬化的水泥地面上将种子摊薄（2～3cm厚），晒4～5d，即可提高燕麦种子的活力，提早出苗3～4d。

图6-14　晒种

**3. 发芽试验**

在燕麦播种前，应进行发芽试验（图6-15），特别是从外地新调入的种子。试验方法：先将种子混合均匀，随机取样100粒，用清水浸泡后，摊在垫有湿纸或湿沙的盘子里，上面盖上湿纸或湿布，放在15～20℃的环境中，3d后统计发芽数占种子总数的比例，该比例叫发芽势。发芽势越强，说明种子发芽数越多。

计算公式：

$$发芽势 = 3d内的发芽数/供试验种子总数 \times 100$$

7d内的发芽数占供试验种子总粒数的百分比，叫发芽率。

计算公式：

$$发芽率 = 7d内的发芽数/供试验种子总数 \times 100$$

如果100粒种子中有95粒发芽，发芽率就是95%。为了保证试验结果的准确，要用同样种子做2～3份试验，最后以各份试验的平均数为准。好的燕麦种子，发芽率在95%以上。倘若发芽率在90%以下，要适当增加播种量。

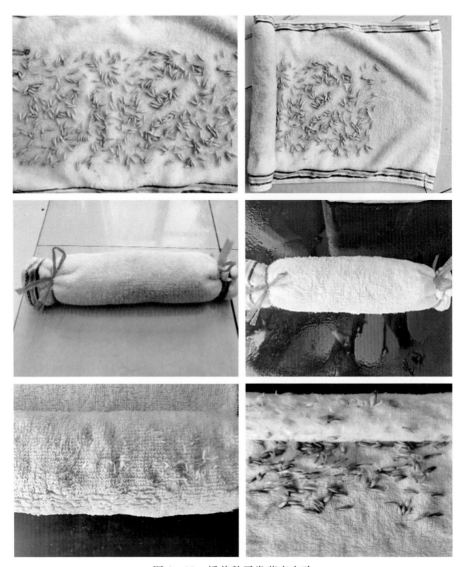

图 6-15　播前种子发芽率实验

### 4. 拌种

黑穗病、锈病、病毒病是较为常见的导致燕麦减产的病害，因此要大力提倡药剂拌种，并掌握拌种规程，才能产生应有的效果。用种子量 0.2％的拌种双或多菌灵拌种，可防止燕麦丝黑穗病、锈病等，地下害虫严重的地区也可用辛硫磷或呋喃丹拌种。红叶病是由蚜虫传播黄矮病毒引起的燕麦上的重要病害，有效防治蚜虫可控制燕麦红叶病的发生。可用噻虫嗪种衣剂对燕麦种子包衣（图 6-16），对防治燕麦蚜虫和红叶病有显著效果。

图 6-16　包衣燕麦种子

## （二）播种方法

燕麦最好采用开沟条播，不宜撒播（图 6-17、图 6-18）。机械播种下种均匀一致，易于控制播种深度和播种量，有利于出苗整齐一致，并且播种、施

图 6-17　出苗整齐一致的机播燕麦

肥可一次作业完成（图6-19），省时省工。因此较大的地块尽量采用机械播种（图6-20）。不便机械作业的较小地块可采用人工开沟或牛犁开沟条播，若牛犁开沟一定要把握沟的深度，不宜过深。

图6-18　出苗均匀不一的撒播燕麦

图6-19　播种施肥一次作业完成

图 6-20　燕麦机械播种

（三）播种时间

春播时，当耕层 5cm 土壤温度在 5℃以上即可播种。如河套灌区一般在 3 月下旬开始播种，4 月上旬（清明前）完成播种（图 6-21）。燕麦尽量在短时间内播完，早播能显著减少锈病的感染。

寒旱区夏初播种时间在 6 月下旬至 7 月中旬（进入雨季）（图 6-22）。复种燕麦，在前茬作物收获后应及时播种，一般在 7 月中下旬播种，到 8 月上旬结束。

图 6-21　河套灌区春播燕麦

图 6-22　河套灌区夏播燕麦

**(四) 种肥选择与施肥量确定**

播种时每亩施用磷酸二胺 15kg 的种肥，也可施用氮、磷、钾复合肥料。

**(五) 播种量确定**

燕麦的分蘖能力强，属密植型作物，依靠群体获得产量。而密植合理与否与品种的种性有着直接的关系。国产品种一般播种量为 15～18kg/亩，国外品种一种 9～12kg/亩。根据播种时的土壤墒情，确定播种量的大小。若采用散播，其播种量可适当增多。

### （六）播种行距与深度

条播行距 15～20cm，深度以 3～5cm 为宜，为防止重播、漏播，下种要深浅一致，播种均匀。播种深度过浅、过深都不利于燕麦种子萌发和幼苗生长。

### （七）播后镇压

播后应镇压（图6-23）或耱地使土壤和种子密切结合，一是可防止漏风闪芽，二是可使悬虚的土壤紧实，促使根系与土壤紧密接触，防止吊根现象的发生。另外，在土壤墒情差的时候，播种后一定要镇压，一方面，通过镇压切断土壤表面的毛细管，防止土壤水分进一步散失，使水分保存下来；另一方面，通过镇压还能加强毛细管作用，把土壤下层水分提升到土表层，增加表层土壤含水量，有利于燕麦种子的萌发及幼苗生长。燕麦播后镇压，措施虽然简单，但是可以有效碾碎土块、踏实土壤，增强种子与土壤的接触度，起到既保墒抗旱又保温耐寒的作用，提高出苗率，促进根系的更好生长，有利于苗齐、苗全和苗壮。

图 6-23 燕麦播后镇压和耱地

## 五、田间管理

农谚说："三分种，七分管。"只有在种好的基础上，加强燕麦的田间管理，才能达到苗壮、秆粗、穗大、粒重的目的。燕麦的田间管理主要分为 3 个阶段，即苗期管理、分蘖抽穗期管理和开花成熟期管理。

### （一）苗期管理

**1. 苗期生长特性**

燕麦从出苗到拔节为苗期（图6-24）。其特点是在获得全苗的基础上，促进根系发育，多发根、深扎根，从而达到苗壮。在会泽县，秋播燕麦这个时期较长，大约 90d。

图 6-24　苗期燕麦

**2. 苗期管理措施**

这一时期的主要任务就是保全苗，促壮苗。管理措施主要是早锄、浅锄。燕麦苗期生长缓慢，极易被杂草抑制，因此要及早防除杂草。若杂草丛生，燕麦生长弱小，根系少，茎叶细弱，就不能有效抗病、抗倒伏，势必造成减产。

**3. 高产燕麦苗期的长势**

高产燕麦苗期的长势应当满垄苗全、生长整齐、植株短粗苗壮。单株的特征应是秆圆、叶绿、根深。

**（二）分蘖抽穗期的田间管理**

**1. 分蘖抽穗期生长特性**

分蘖抽穗期的生育特点：分蘖幼穗开始分化，由营养生长（长根和茎）转入生殖生长。也就是营养生长与生殖生长的并进阶段。这是决定穗粒数的关键时期，也是燕麦一生中生长发育最快，对养分、水分、温度、光照要求最多的时期。如果上述外界条件不能满足燕麦生长发育的要求，幼穗的分化和形成就会受到影响，导致小穗数少、小花数也少。因此，必须抓紧抓住这个时期，加强田间管理，促进大穗多粒。

**2. 分蘖抽穗期田间管理措施**

这个时期的田间管理任务主要是攻壮株、抽大穗、促进穗分化、保证有效花的形成。主要管理措施是早追肥、深中耕、细管理，防虫治病。

（1）早追肥。"肥是植物的粮食。"燕麦产量不高，肥料不足是一个重要原因。在施足底肥、用好种肥的基础上，还应追肥1～2次，做到分期分层科学施肥，以满足燕麦各个生长阶段对营养的需求。在分蘖、拔节后每亩追施尿素3.0～5.0kg。若第一次追肥效果不理想，可在抽穗前再追施一次肥料，追肥量不宜太多，每亩2.5kg即好。追肥原则为前促后控，结合降雨或灌溉追施。会泽县冬燕麦种植多为旱作，多在雨前或雨后施用（图6-25）。宁可肥等雨，不要雨等肥。若有灌溉条件，施肥后应及时灌水。

图6-25 苗期施肥

（2）深中耕。燕麦根系的生长规律是前期深扎，后期浅铺。如果浅铺，根扎得太早，盘踞表层，不利于根系深扎，浅铺根容易出现早死，致使叶片早枯，发生秕粒现象。为了解决上述问题，并且避免水分和养分的不必要消耗，应在燕麦拔节前中耕两遍，把燕麦垄间杂草彻底除掉。

第二遍中耕最好在分蘖阶段进行，此时正是营养生长、生殖生长及根系伸长的重要时期，所以必须深除。有灌溉条件的地方应追肥与灌溉相结合，先追肥后灌水，等可中耕时，再深中耕一次，以破除板结，减少水分蒸发。

（3）细管理。燕麦在这个时期生长快，苗情变化大，如果缺水少肥，就会出现叶片发黄、苗弱等不正常现象，农民将其叫做"三类苗"。三类苗的征象很容易识别，如果叶片细长，颜色黄绿，要追肥；如果叶绿披垂，则是水分不足的表现，要灌水。为了尽快使三类苗恢复正常，可配合浇水，追施速效氮肥，苗色会很快改变。

（4）高产燕麦分蘖抽穗期的长势。抽穗之前的征象：秆圆，叶色浓绿，叶宽而短且向上举，生长整齐，株壮秆硬且有弹性。

### （三）开花成熟期的田间管理

**1. 开花成熟期的生长特性**

燕麦抽穗时，便进入开花受精和籽粒成熟时期。从开花到成熟约40d。这个时期虽然穗数和穗的大小已经决定，但仍是提高结实率，争取穗粒重的关键时期。

**2. 开花成熟期管理措施**

燕麦抽穗开花以后，进入灌浆成熟阶段（图6-26）。在灌浆前期最好有适量的降雨，灌浆后期需水量逐渐减少，要求有充足的日照和较大的昼夜温差。一般不再灌水，但也不能坐等丰收，还必须加强田间管理。主要措施："一攻"（攻饱籽）、"三防"（防涝、防倒伏、防贪青）。

图6-26　灌浆期燕麦

（1）"一攻"（攻饱籽）。攻饱籽的主要措施是轻浇灌浆水，巧施攻穗肥，根外喷磷，通过管理，使已经授粉的籽粒长成饱满的种子。

轻浇灌浆水：灌浆期适当浇水，有利于营养物质的转运。灌浆水要轻浇，有条件的地方可喷灌。灌浆期浇水的一般原则：见旱就浇，不旱不浇；小水轻浇，风天不浇。

巧施攻穗肥：主要针对三类苗，可结合降雨或灌水施少量的钾肥（如氯化钾）。可大面积根外喷磷。

根外喷磷：燕麦需磷最多的时候是在穗分化和开花灌浆期。因磷肥分解缓慢，若作追肥，到燕麦抽穗时只能运转到茎秆，不能到达穗部发挥作用，所以大部分磷肥作底肥施用或根外喷磷。

喷施方法：使用前一天，先用水浸泡磷酸钙，第二天将上层清液用水稀释成 300～400 倍液，过滤去掉杂质，用喷雾器喷施。要从叶的下面往上喷，每亩施 75～100kg。喷施时机，以抽穗之前和开花之后每天的下午或傍晚为宜。

（2）"三防"（防涝、防贪青、防倒伏）。

防涝：燕麦开花以后，营养体生长基本停止，根系生活力逐渐减弱，这时不仅怕干热风危害，而且还怕雨涝。若遇到雨涝要及时将地里积水排出。

防贪青：由于燕麦生长后期水肥不当，往往会造成燕麦贪青徒长（图 6-27），严重时会引发燕麦倒伏。因此后期要严格控制水肥，大面积追肥应在抽穗前基本结束。三类苗追肥也不宜过重。灌浆后期，切勿大量灌水。

图 6-27 贪青徒长的燕麦

防倒：在燕麦灌浆后到成熟期，由于燕麦穗头重量增加，遇到刮风下雨时往往会造成燕麦倒伏（图 6-28）。通过选择抗倒伏品种，合理密植，控制水肥，防风防涝等措施，达到防倒伏。

图 6-28 倒伏的燕麦

燕麦生长序列与管理流程见图 6-29。

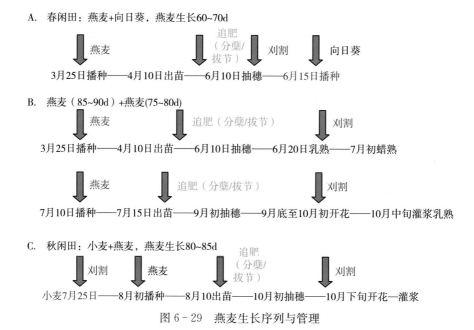

图 6 - 29　燕麦生长序列与管理

# 第二节　乌蒙山区及毗邻地区燕麦种植技术

## 一、品种选择

近几年乌蒙山区种植燕麦势头迅猛，因地制宜，既有饲用燕麦（皮燕麦）种植，又有食用燕麦（裸燕麦）种植。经过 3 年多的春播、夏播和秋播引种试验及大面积示范种植，发现秋播适宜选用食用燕麦坝莜 14、坝莜 13 和香燕 8 号（表 6 - 3，图 6 - 30）。饲用燕麦品种选择参照表 6 - 1、表 6 - 2。

表 6 - 3　推荐秋播燕麦品种产量性状

| 品种 | 株高/cm | 穗长/cm | 单穗粒数/个 | 单穗粒重/g | 千粒重/g | 产量/(kg/亩) | 生育期/d |
|------|---------|---------|-------------|-------------|----------|--------------|----------|
| 坝莜 14 | 78.8 | 22.8 | 136.5 | 2.0 | 24.35 | 367.0 | 206 |
| 坝莜 13 | 80.8 | 17.7 | 92.3 | 1.8 | 24.08 | 335.2 | 210 |
| 香燕 8 号 | 78.8 | 22.3 | 131.6 | 2.6 | 24.2 | 282.0 | 210 |

图 6-30 燕麦品种示范

## 二、种植模式

燕麦与其他多数作物一样，不宜连作。长期连作一是病害增多，特别是黑穗病，条件适宜的年份往往会造成病害蔓延，使燕麦产量严重受损；二是杂草增多，燕麦幼苗生长缓慢，极易受杂草抑制，严重影响燕麦的生长；三是不能充分利用养分。

燕麦可采用单作、间套作、轮作等种植形式。在会泽县燕麦单作前茬可选用马铃薯、玉米、烟草等，实行秋播燕麦夏播马铃薯的轮作模式，即燕麦（秋播）＋马铃薯（夏播）＋燕麦（秋播）。在海拔相对较低，热量充足的地方，也可采用燕麦（秋播）＋玉米（夏播）＋燕麦（秋播）等轮作模式。燕麦也可与玉米、豌豆间套作，发展林下饲用燕麦。

## 三、地块选择

乌蒙山区地势高低不一，海拔差异较大。如乌蒙山主峰地段的会泽县山区，地块海拔不一、高低不平、大小不均。冬闲田燕麦可在海拔 2 000～3 000m地域生长，但以 2 200～2 800m 海拔为宜；饲用燕麦适宜海拔范围为 2 200～3 000m。尽量选择海拔相对较低，地势相对平坦，相对较大的地块用于燕麦种植，这样有利于机械化播种、收获等作业。海拔在 3 500m 以上的地块可考虑春闲田燕麦。

另外，燕麦喜欢生长在疏松的土壤中，冬闲田应选择耕层深厚，保水保肥、回潮保墒地、土质疏松、机质含量在1％以上的肥沃土壤，前茬为未使用过高毒、高残留农药的夏马铃薯、荞麦、玉米、烤烟或蔬菜等的地块。饲用燕麦可以选择林下种植，如核桃树＋燕麦等。

## 四、整地施肥

会泽县燕麦以秋播（冬闲田）为宜，所以要做好秋深耕整地工作。由于受前茬收获期的制约，留给燕麦秋播的时间较短，因此在前茬作物收获后，应及时深耕整地，做到土细、墒平、无杂物。尤其在高海拔区，早耕深耕是防旱保墒、全苗、壮苗，提高产量的一个先决条件。燕麦之所以缺苗断垄比较严重，从客观上讲，不外乎是整地粗糙、土壤悬虚、土壤墒情不好和虫害、鸟害所致。

秋耕施肥。在前茬作物收获后，应先浅耕灭茬。经过耙磨，清除根茬，破碎大土块，准备施肥。施足底肥对提高燕麦产量极为重要，一般燕麦亩产300kg以上需要每亩施优质农家肥料300kg以上，而且要施足施匀，大块肥料应打碎打细。

图 6-31　悬虚的土壤

　　会泽县土壤多结构松散，秋播时节正好是旱季的开始，有些地块土壤墒情变差。土壤太疏松干燥、土壤悬虚（图6-31）时，需要镇压使耕层土壤紧实，以减少土壤空隙，减轻气态水的扩散，增强毛细管作用，把土壤下层水分提升到耕作层，增加耕作层的土壤含水量。

　　倘若在太疏松干燥、土壤的悬虚地上播种，一是土壤过于疏松，种子与土壤接触不实影响其发芽，降低出苗率；二是产生吊根死苗现象，造成燕麦缺苗断垄（图6-32）。

图6-32　土壤悬虚地上燕麦严重缺苗

　　整地的目的是为种子萌芽出苗创造一个无土块、无根茬，土地平整细碎，土层踏实、上虚下实，水肥气热协调的良好环境。整地早，整地好，土壤水分得到养护，是形成齐苗、全苗、壮苗的基础（图6-33、图6-34）。对会泽县燕麦旱作而言，整地仅仅是保障燕麦产量的一个基础环节，还必须在耕翻整地的同时，施入足量的底肥，夯实丰产基础。

图 6 - 33　整地后的上虚下实土壤

图 6 - 34　上虚下实土壤上的燕麦出苗

# 五、播种

## （一）播前准备

### 1. 选种

通过人工风选或机械筛选（图 6 - 35、图 6 - 36），选出粒大而饱满的种子供播种使用（图 6 - 37）。

图 6 - 35　人工风选

图 6-36　机械筛选

图 6-37　精选出的粒大饱满的种子

## 2. 晒种

在播种前几天，选择无风晴天，在硬化的水泥地面上将种子摊开，2～3cm 厚，晒 4～5d，即可提高燕麦种子的活力，提早出苗 3～4d（图 6-38）。

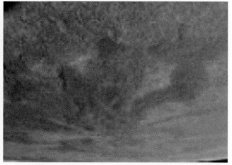

图 6-38　晒种

### 3. 发芽试验

将种子混合均匀，随机取样 100 粒，用清水浸泡后，均匀放入铺有滤纸的培养皿中，加适量的水，盖盖子（图 6-39），放在 15～20℃ 的环境下，发芽期间要保持滤纸湿润。按《粮食作物种子第四部分：燕麦》（GB 4404.4—2010）执行，发芽率不低于 85%。

图 6-39　发芽试验

### 4. 拌种

参照第六章第一节四（一）4. 拌种。

### （二）播种方法

目前乌蒙山区农业机械化程度还较低，特别是在播种环节，机械播种率较低。最好采用机械播种或人工开沟或牛犁开沟条播，不宜撒播。机械播种下种均匀一致，易于控制播种深度和播种量，有利于出苗整齐一致，并且播种施肥可一次作业完成（图 6-40），省时省工。因此较大的地块尽量采用机械播种（图 6-41）。不便机械作业的较小地块可采用人工开沟或牛犁开沟条播，若牛犁开沟一定要把握沟的深度，不宜过深。

图 6-40　播种、施肥一次作业

图 6-41　燕麦机械播种

**1. 播种期**

在会泽县，当马铃薯、玉米等大秋作物收获后，有大量的土地赋闲，这些土地是发展冬燕麦的极好资源。因此近几年会泽县一直在探索利用冬闲田进行燕麦种植生产。会泽县冬闲田燕麦播种一般在 10 月中下旬至 11 月初。过早播种燕麦生长太快不利于越冬（图 6-42），过晚播种会推后燕麦的收获期（冬燕麦的生育期在 210d 以上，≥10℃有效积温 1 500～1 900℃），从而影响燕麦之后的作物种植与生长。由于会泽县垂直性气温相差较大，一般高海拔地块应早播，低海拔地块可稍晚一点播，即先播海拔高的地块，后播海拔低的地块；阴坡地应早播，阳坡地应晚播，即先播阴坡地块，后播阳坡地块。播种时间还应视土壤墒情决定，抢墒播种尤为关键，抓苗是会泽县冬闲田燕麦高产的一项主要措施，应给予足够重视。

图 6-42　2019 年 9 月 23 日播种的燕麦受冻害症状

**2. 种肥选择与施肥量确定**

每亩地施优质农家肥料 300kg 以上作为底肥是极为重要的，播种时每亩用磷酸二胺 15kg 作种肥，也可施用氮、磷、钾复合肥料。

**3. 播种量确定**

一般来说，应以达到群体、个体生长发育协调为度。因此必须根据品种特性、土地生产力和二者的生产潜力，计划或制定出单产目标，然后确定基本苗数，测算播种量。燕麦基本留苗范围在 30 万株/亩左右，土壤肥力好的地可保留 35 万株/亩；一般机播每亩播种量以 10kg 为宜，散播播种量可适当高一些，以 12～13kg 为宜。若土壤墒情不好，应适当增加播种量。

**4. 播种行距与深度**

条播行距 15～20cm，深度以 3～5cm 为宜，防止重播、漏播，下种要深浅一致，播种均匀。播种深度过浅过深都不利于燕麦种子萌发和幼苗生长。播种过浅容易将种子暴露于土壤表面，影响燕麦种子的吸水萌发；播种过深影响燕麦幼苗的生长，容易产生黄化苗（图 6-43～图 6-45）。

图 6-43　撒播覆土薄厚不一

造成播种过深的主要原因：一是土壤太疏松悬虚，播种深浅不一；二是当散播时，覆土薄厚不均匀，覆土多的地方种子入土太深，当播种深度超过5cm时，会导致幼苗出土时间过长，由于长时间在土里生长，耗尽胚乳中的营养物，导致燕麦幼苗营养不良，次生根少而弱，叶片细长、瘦弱发黄，分蘖减少，抗性（抗旱耐寒和抗病）明显降低，对产量造成严重的影响。

图6-44　悬虚土壤机播种深浅不一

图6-45　燕麦黄花苗

### 5. 播后镇压

会泽县冬闲田燕麦种子萌发和幼苗生长发育过程中，常常受制于土壤水分不足的影响，因此增加土壤水分、保墒提墒，对冬闲田燕麦就显得尤为重要。要重视播种后的土壤镇压，它既是保墒提墒的重要一环，也是保障燕麦高产的重要举措（图6-46）。

图 6-46　燕麦根系苗期

## 六、冬闲田燕麦种植流程

冬闲田燕麦种植流程见图6-47。

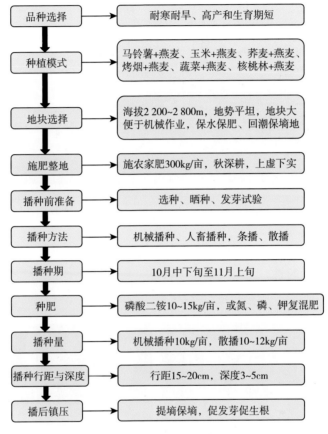

品种选择 → 耐寒耐旱、高产和生育期短

种植模式 → 马铃薯+燕麦、玉米+燕麦、荞麦+燕麦、烤烟+燕麦、蔬菜+燕麦、核桃林+燕麦

地块选择 → 海拔2 200~2 800m，地势平坦，地块大便于机械作业，保水保肥、回潮保墒地

施肥整地 → 施农家肥300kg/亩，秋深耕，上虚下实

播种前准备 → 选种、晒种、发芽试验

播种方法 → 机械播种、人畜播种，条播、散播

播种期 → 10月中下旬至11月上旬

种肥 → 磷酸二铵10~15kg/亩，或氮、磷、钾复混肥

播种量 → 机械播种10kg/亩，散播10~12kg/亩

播种行距与深度 → 行距15~20cm，深度3~5cm

播后镇压 → 提墒保墒，促发芽促生根

图6-47 冬闲田燕麦种植流程

## 第三节 主要病虫害及其防治

在北方燕麦病虫害少有发生，但在南方，不论是春播燕麦还是夏播或秋播燕麦，均有病虫害的发生。在云南会泽县3年多的试验示范中发现，冬燕麦虫害主要有蚜虫等；病害主要有红叶病、白粉病、锈病等。另外，也不能忽视鸟对播种后燕麦地的危害。要做到早发现，早防治（图6-48）。

图 6-48　病虫害防治示范现场

## 一、蚜虫

### 1. 蚜虫生活习性

蚜虫又叫油汉、旱虫（图 6-49）。

图 6-49　燕麦蚜虫

危害症状：在燕麦整个生育期内都可发生为害，以孕穗和抽穗期危害最盛。被害叶初呈黄色斑点，逐渐扩为条纹状，严重时全叶皱缩枯黄，以致全株枯死麦穗受害，造成空穗或秕穗。

**2. 蚜虫防治方法**

（1）防治方法：有条件的地方可进行麦田冬灌，可消灭部分越冬麦蚜。经常认真巡查燕麦地，做到早发现早防治，发现一片防治一片；如果能在燕麦抽穗前及时防治，蚜虫的种群数量在短时间内便难以恢复，基本上可以控制整个生育期的蚜虫危害。

（2）化学防除法：

①杀虫剂选择：防治蚜虫的药剂有很多，如吡虫啉、啶虫脒、呋虫胺、吡蚜酮、毒死蜱、高效氯氰菊酯，以及复配制剂噻虫·高氯氟等。

②用药剂量及喷药时间：依据药剂用量说明用药，每亩兑水 35～50kg（2～3桶水），于上午露水干后或下午 4 时以后均匀喷雾。喷药 1～2 次，喷药时要慢走匀喷，仔细不留死角。若田间苗情长势过旺，群体过大，可加入粉锈灵，一次性防治病虫害。

③注意事项：配药时要二次稀释，先加水后加药，在喷雾器里加入小半桶水，药剂先在小容器里溶解，再倒入喷雾器，每加入一种药都要充分搅拌均匀后，才能再加入下一种农药，最后再加水到需要的用量，搅拌均匀。农药配药顺序应根据农药的剂型来混配，一般为叶面肥→可湿性粉剂→水分散剂→悬浮剂→干悬浮剂→微乳剂→水乳剂→水剂→乳油，乱配药剂会使药剂之间发生反应，降低药效，甚至发生药害。现用现配，用多少配多少。

## 二、锈病

**1. 锈病的发生与症状**

燕麦锈病主要发生在燕麦生长的中后期，病斑生在叶、叶鞘及茎秆上。发病初期，叶片上产生橙黄色椭圆形小斑，后病斑渐扩展，出现稍隆起的小疮胞（图 6-50），即夏孢子堆。当孢子堆上的包被破裂后，散发出夏孢子。后期燕麦近枯黄时，在夏孢子堆的基础上产生黑色的表皮不破裂的冬孢子堆。在会泽山区燕麦种植区，其发生时间随海拔上升而延迟。

**2. 防治方法**

消灭带病残株；消除田间杂草寄主；避免连作；加强田间管理，多中耕，增强燕麦的抗病力，合理施肥，防止贪青晚熟，多施磷、钾肥，促进早熟；发病后及时喷药。

大田锈病始发期和始盛期应及时喷洒药剂进行防治，在锈病始发期用 0.4%～0.5% 的敌锈酸或敌锈钠水溶液喷洒 2～3 次；在病害流行期间 7～10d 喷药 1 次，每亩喷施兑好的药液 75～100kg。

A. 燕麦锈病（春季发生）

B. 燕麦锈病（夏季发生）

C. 锈病-枯萎病混合症（春季发生）

D. 防治锈病的农药

E. 配药

F. 田间打药

图 6-50　燕麦锈病及防治

### 三、白粉病

**1. 白粉病的发生与症状**

（1）发生条件：白粉病发生的适宜温度为 15～20℃，温度低于 10℃时发病缓慢，相对湿度大于 70％时有可能造成病害流行。

（2）危害症状：白粉病主要发生在燕麦的叶及叶鞘上，一般多在叶的正面，叶背、茎及花器也可发生，病部初期出现灰白粉状霉层（图 6-51），后呈污褐色并生黑色小点，即闭囊壳。

图 6-51　燕麦白粉病

**2. 白粉病的防治**

选择地势较高，利于排水的地块种植，施足底肥，生长期适当喷 2～3 次奥普尔或基因活化剂等叶面肥，提高植株抗病性。及时清除田间病残体，减少病源。

（1）合理轮作倒茬：白粉病病菌种类很多，一类白粉病病菌只危害一类作物或一种作物，因此要合理安排茬口，倒茬种植。

（2）药剂防治：发病初期，可以单一施用 15％粉锈宁（三唑酮）可湿性粉剂 1 500 倍液，也可与 45％超微粒硫黄胶悬液 150～300 倍液、73％特速唑可湿性粉剂 1 000～1 500 倍液、10％乐无病可湿性粉剂 1 200～1 600 倍液交替喷洒。技术要点：一是早预防，白粉病一旦发生，流行很快，因此一旦发现中心病株应及时用药；二是喷药要周到，喷药时要叶面叶背一起喷，才能把病菌杀死；三是大水量喷施，该病属菌遇水或湿度饱和时，易吸水破裂而死亡；四是持续用药，白粉病的药剂防治要持续进行，充分杀死残留的菌丝体及分生孢子，防止再流行，一般第一次喷药后每隔 4～5d 喷 1 次，连续喷 2～3 次。

## 四、红叶病

### 1. 红叶病发生与症状

（1）发生条件：红叶病是由昆虫传播的一种病毒病，它的发生与蚜虫有关，一般在气温高，相对湿度小，气候干旱，蚜虫数量大的条件下，发病较为严重（图 6 - 52）。

图 6 - 52 燕麦红叶病

（2）危害症状：燕麦植株感染红叶病病毒后，一般上部叶片先表现病症。受害叶片自叶尖或叶缘开始，呈现紫红色或红色，逐渐向下扩展成红绿相间的条纹或斑驳，病叶变厚、变硬。后期叶片橘红色，叶鞘紫色，受病植株有不同程度的矮化现象，抽穗后，有部分不结实。

**2. 红叶病的防治**

一是经常巡查燕麦田，及时喷药灭蚜，以控制传毒，消灭地块周围杂草，减少寄主和病毒来源；二是可在播种前使用内吸杀虫剂浸泡或拌种，使植株吸收药剂杀除蚜虫；三是在燕麦栽培管理上，应增施氮、磷、钾肥（有条件的地方可结合浇水），以增加燕麦的抗病性。

## 五、鸟害

在水库、湖泊较多的地方，有些候鸟喜食燕麦种子或胚芽，常常飞到已播种的燕麦地里觅食，采食燕麦种子或胚芽，造成燕麦缺苗断垄，或燕麦出苗后到地里采食幼苗（图6-53）使燕麦产量严重受损。

图6-53　田间鸟害

在地块选择时应尽量远离候鸟多的区域，增加一些防范措施，如在地里设置一些草人或彩带彩条等（图6-54）；危害严重的地块，可采用声响恫吓法，利用锣鼓声、爆竹声恫吓驱赶，以避免或减少候鸟到已播种燕麦地里觅食。

图6-54　田间驱鸟

第七章

# 燕麦收割技术

## 第一节　刈割期对燕麦产量和品质的影响

凉山州冬闲田资源丰富，特别是安宁河流域，具有发展冬闲田燕麦的巨大潜力。为了更好地指导该地区冬闲田燕麦产业的发展，从 2015 年开展了冬闲田燕麦刈割技术的研究。

### 一、刈割期对燕麦饲草产量的影响

产草量是衡量草地生产力水平的重要指标。随着刈割时间的推迟，燕麦的鲜草产量先增加，灌浆期达到最高，为 4 638.99kg/亩（表 7 - 1）。之后又下降。不同刈割期的鲜草产量差异显著，灌浆期显著高于拔节期、抽穗期和乳熟期，抽穗期和乳熟期鲜草产量差异不显著（$P>0.05$）。燕麦的干草产量随着刈割时间推迟持续增加，乳熟期干草产量最大，为 1 004.40kg/亩，乳熟期与灌浆期干草产量差异不显著（$P>0.05$），乳熟期干草产量显著（$P<0.05$）高于拔节期、抽穗期。

表 7 - 1　不同刈割期燕麦产草量

| 刈割期 | 株高/cm | 鲜干比 | 鲜草产量/（kg/亩） | 干草产量/（kg/亩） |
|---|---|---|---|---|
| 拔节 | 85.17c | 7.41a | 29 619.80c | 356.67c |
| 抽穗 | 97.67b | 5.54b | 2 934.80b | 529.45b |
| 灌浆 | 102.03b | 4.68c | 4 638.99a | 992.52a |
| 乳熟 | 125.50a | 3.28d | 3 168.25b | 1 004.40a |

注：同列中不同字母表示差异显著，$P<0.05$，同列中相同字母表示差异不显著，$P>0.05$。

### 二、刈割期对燕麦营养品质的影响

拔节期到乳熟期干物质含量为 12.59%～28.85%（表 7 - 2），表现为随着刈割时间的推迟，干物质含量逐渐上升，不同刈割期的干物质含量差异显著（$P<0.05$），乳熟期的干物质含量最高，为 28.85%，显著高于其他各期。不同刈割时期粗蛋白含量为 6.12%～18.78%，拔节期的粗蛋白含量为 18.78%，

显著高于抽穗期、灌浆期和乳熟期，抽穗期粗蛋白含量显著高于灌浆期和乳熟期，乳熟期与灌浆期的粗蛋白含量差异不显著（$P>0.05$），表现为随着刈割期的推迟粗蛋白含量逐渐下降。不同刈割时期的可溶性糖含量为 $4.95\%\sim$ $6.91\%$，不同刈割期的可溶性糖含量差异显著（$P<0.05$），灌浆期的可溶性糖含量最高，为 $6.91\%$，与拔节期、抽穗期差异不显著（$P>0.05$），与乳熟期差异显著（$P<0.05$）。不同刈割时期的中性洗涤纤维含量为 $51.81\%\sim$ $61.77\%$，抽穗期与灌浆期、乳熟期的中性洗涤纤维差异不显著（$P<0.05$），乳熟期与拔节期差异不显著（$P>0.05$）。不同刈割期的酸性洗涤纤维为 $28.66\%\sim36.48\%$，拔节期、抽穗期、乳熟期间的差异不显著（$P>0.05$），拔节期与灌浆期差异显著（$P<0.05$）。不同刈割期的中性洗涤纤维、酸性洗涤纤维都表现出随着刈割时期的推迟，呈现先升后降的趋势，到灌浆期达到高峰，随后到乳熟期下降。不同刈割时期的 RFV 为 $92.51\sim118.46$，拔节期的 RFV 最大，为 $118.46$，拔节期与抽穗期、乳熟期的 RFV 差异不显著（$P>0.05$），显著（$P<0.05$）高于灌浆期。抽穗期、灌浆期、乳熟期间的 RFV 差异不显著（$P>0.05$），表现为随着生育期的推进，RFV（相对饲喂价值）逐渐变小，到灌浆期达到最小，为 $92.51$，到乳熟期又上升到 $108.63$。

**表 7-2　不同刈割期燕麦营养成分**

单位：%

| 物候期 | 干物质 | 粗蛋白 | 可溶性糖 | 中性洗涤纤维 | 酸性洗涤纤维 | RFV |
|---|---|---|---|---|---|---|
| 拔节期 | 12.59d | 18.78a | 5.14ab | 51.81b | 30.24bc | 118.46a |
| 抽穗期 | 17.44c | 12.37b | 4.95ab | 59.78a | 35.04ab | 96.15ab |
| 灌浆期 | 20.18b | 8.52c | 6.91a | 61.77a | 36.48a | 92.51b |
| 乳熟期 | 28.85a | 6.12c | 4.54b | 57.31ab | 28.66c | 108.63ab |

注：同列中不同字母表示差异显著，$P<0.05$，同列中相同字母表示差异不显著，$P>0.05$。

# 第二节　饲用燕麦刈割中常见的问题

## 一、倒伏

在饲用燕麦刈割中常常会遇到倒伏现象（图 7-1）。引起燕麦倒伏的原因有许多，但总体来说与品种、栽培措施和环境息息相关。饲用燕麦以收获地上部营养体为主，其产草量、营养价值及经济性能均体现在燕麦的茎叶、花、果实上，因此，在品种培育中更多考虑茎叶繁茂程度、植株高度等方面，以求更高的产草量，而植株越高其抗倒伏性就越差。目前还没有特别抗倒伏的燕麦品种。

图 7-1 倒伏的燕麦

在栽培措施方面，为了追求更高的燕麦草产量，种植户有时候擅自增加播种量，以增加燕麦群体密度的方式来提高燕麦草产量，由于密度增加，使得燕麦茎秆变细，降低了燕麦的抗倒伏性；其次是由于水肥过大，引发燕麦贪青徒长，燕麦茎秆的硬度变差，遇风雨极易倒伏（图 7-2）。

图 7-2 贪青徒长燕麦倒伏

在环境方面，燕麦生长后，特别是燕麦抽穗、灌浆—乳熟或蜡熟—晚熟期，恰是北方进入雨季的时候，由于燕麦上部及穗部重量增加，一旦遭遇风雨天或雪天，极易引发燕麦倒伏，这是导致北方地区燕麦倒伏的主要原因（图7-3）。

图 7 - 3　风雨后倒伏燕麦（上、中）雪后倒伏燕麦（下）

　　燕麦倒伏危害极大，一是造成燕麦草损失，倒伏的燕麦草给机械刈割带来不便，不是留茬太高就是割不到，致使燕麦产量减少；二是引起燕麦草发霉变质，由于地面潮湿，极易引起倒伏燕麦茎叶发霉，轻者霉变，重者叶片腐烂。

## 二、留茬过高

　　燕麦刈割时留茬过高（图 7 - 4），主要原因：一是由于燕麦倒伏，造成割草机刈割困难；二是由于地面高低不平或有石头等杂物，使割台难以保持均一水平，造成割茬高低不一。

图 7 - 4　燕麦留茬过高

### 三、刈割过早或过晚

决定燕麦草刈割时期就是燕麦草产量与质量的平衡过程，若过早刈割，如在灌浆期刈割（图7-5）虽然可以获得较好质量的燕麦草，但产量损失过大，且燕麦草水分含量太高，晾晒干草的时间太长，即割倒的燕麦在地里滞留时间太长，有遭到雨淋的风险，导致燕麦草变质；若刈割过晚（如在蜡熟期，图7-6）虽然可以获得较高的产量，但品种变劣，品相变差，影响价值。

图7-5　灌浆期燕麦

图 7 - 6　蜡熟期燕麦

# 第三节　饲用燕麦刈割

## 一、利用目的

　　燕麦既可以作饲草也可以作饲料。因此，视利用目的不同，燕麦的刈割期也有所差异。如以收草为目的的，应该提早刈割，保证茎叶营养丰富；如欲草与籽实兼用，则应在种子成熟的一周前刈割，此时茎叶不是十分粗老，营养成分含量也较高，籽实虽未完全成熟，但收割后籽实靠后熟作用仍可成熟。燕麦既可放牧、青饲，也可刈割调制干草，或青贮。作青贮的燕麦，其刈割时期可适当晚些，以茎叶含水量在 60%～68% 为好。如欲调制干草，刈割时期可根据当地气候及饲喂家畜种类而定。一般在燕麦的乳熟期至蜡熟初期收割（图 7 - 7）。饲喂高产奶牛，在孕穗后期至抽穗期收获；饲喂普通产奶牛，在抽穗期至开花期收获；饲喂干奶牛、育肥肉牛或肉羊，在乳熟后期至蜡熟初期收获（图 7 - 8）；饲喂马以乳熟期后期（湖熟期）刈割为好。

图 7-7 乳熟期燕麦

图 7-8 乳熟后期至蜡熟初

由于种植模式的不同，刈割时间也不同。春闲田燕麦受后茬作物（如向日葵）播种时间的制约，不能按燕麦生育期刈割，只能在 6 月上旬刈割；秋闲田燕麦受生长时间的影响，到 10 月中下旬燕麦停止生长后即可刈割，此时燕麦晾晒干草有一定困难，可制作青贮饲料。

另外，孕穗后期至乳熟期燕麦茎叶含水量较高，晒制干草时间长，易遭雨淋，所以应因时因地，灵活掌握燕麦刈割的时间。

## 二、刈割方式

用压扁割草机刈割燕麦（图7-9），留茬高度8～10cm。

图7-9　燕麦收获机械——甩刀式压扁割草机

## 三、打捆、贮存

燕麦收割后晾晒至水分含量16%以下时即可打小方捆，晾晒中注意及时翻晒。打大捆要等水分降到14%以下后进行（图7-10）。

图7-10　打捆

具体打捆作业质量要求如下：

①草条的长度应大于捆 1 捆草的草条长度。

②饲草割后株长、草条宽度、厚度应满足圆草捆打捆机使用说明书的要求。

③打捆作业时风力应小于 4 级。

④饲草含水量为 14％～16％。

## 第四节　食用燕麦（莜麦）适时收获

### 一、麦成熟的标志与标准

进入灌浆期，燕麦籽粒开始不断累积干物质。籽粒的体积不断增大，由乳熟期进入完熟期。燕麦籽粒的成熟程度很不一致。一般成熟程度是从穗的上部小穗开始，逐渐向下加重。同一个小穗（铃）上，基部第一朵花先成熟。因此在成熟过程中，穗部颜色不一致，这个成熟过程又叫做花铃期（图 7 - 11）。当花铃期过后，整个穗部颜色变黄，下部小穗籽粒进入蜡熟期，当大田穗子全部变黄时，燕麦成熟（图 7 - 12）。

图 7 - 11　花铃期燕麦

图 7 - 12　成熟期燕麦

## 二、收获时期与方法

　　成熟的燕麦籽粒容易脱落（俗称口松，图 7 - 13），若收获不及时，会造成损失。因此收获燕麦应在穗部已有 3/4 的小穗成熟时进行，最好是熟一片割一片。会泽县冬闲田燕麦视播种早晚和海拔高度，收获期会有一些差异。在 10 月中下旬至 11 月上旬播种的燕麦，正常情况下，一般在翌年 5 月底至 6 月上中旬收获。

　　收获时可用稻麦联合收割机直接脱粒，也可用小型割晒机收割（图 7 - 14）。

　　食用燕麦（莜麦）较其他麦类作物更容易倒伏（图 7 - 15），因为燕麦植株相对小麦、大麦要高得多，穗部也大，在灌浆后穗子重量增加极易倒伏。所以燕麦成熟后要及时收获，以避免因遇风雨而导致的燕麦倒伏。

　　如果收获过早，绿色小穗较多（图 7 - 16），收获的籽粒往往颜色混杂、成熟度不一致，导致干燥后籽粒饱满度参差不齐。

图 7 - 13　落地燕麦

图 7-14　燕麦小型收割机

图 7-15　成熟期倒伏的燕麦

图 7-16　燕麦成熟不一致

### 三、燕麦籽实晾晒贮藏

　　燕麦脱粒后应及时清选去杂，有人工风选（图 7-17）和机械清选（图 7-18）两种方式，清选后及时晾晒（图 7-19），避免因晾晒不及时而造成种子发霉等变质现象的发生。种子含水量在 12.5% 以下时（图 7-20），即可装袋入库。

图 7-17　人工风选

图 7-18　机械清选

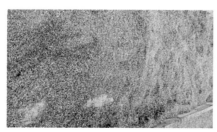

图 7-19　晾晒种子

图 7-20　测定种子水分

　　燕麦种子易受潮，要将入库的种子袋放在垫层上（图 7-21），存放在相对干燥的地方，防止仓库漏雨淋湿种子。另外，燕麦种子极易遭鼠害，因此在贮藏期间一定要注意防鼠。

图 7-21　垫层

# 第八章

# 燕麦良种生产技术

燕麦良种的繁殖与生产是发展我国高质量燕麦产业的基础，要进行良种繁育与生产就必须建立专门的良种生产田。良种生产田的主要任务是维持种性和提供优良的种子，生产合乎标准的燕麦种子，保持种子良好的纯度和质量，满足我国快速发展的燕麦产业对燕麦良种的大量需要。在燕麦种子田的建立过程中，"合理布局、分级繁殖"原则贯穿始终，充分发挥草业科技公司、燕麦种植合作社或燕麦专业户的良种生产积极性，提高良种生产技术，严格去杂去劣，充分发挥良种的增产作用。在大量良种生产与栽培过程中，各种品种的种子常常由于机械混杂、生物学混杂和退化而降低种子的品性。

## 第一节　种子混杂退化的原因及品种复壮

### 一、种子混杂退化的原因

优良品种并不是一劳永逸，良种和劣种在一定条件下是可以互相转化的。在生产实践中常常出现，长期生产栽培同一品种，易使品种生物学上的抵抗性逐渐降低，经济上有益的特征、特性也变差了，这就是退化。燕麦也是一样，当一个优良品种长期在一个地区种植时，如果没有健全的良种繁育制度，就易发生优良性状退化、抗病能力减弱、纯度降低、成熟期不一致、生活力和产量下降等退化现象。如燕麦某一品种出现植物高低不齐，成熟期早晚不一致，穗形、铃形、苗色不一致等。

品种退化是复种的问题，引起品种退化的原因有许多，而且不同作物和品种退化的原因也不同，主要有以下几点：

①生长环境和栽培措施，不适合某些作物或达不到品种遗传性的要求。

②自花授粉作物长期自花授粉，或异花授粉作物由于隔离而限制了自由异花授粉。

③过去在种子繁殖的工作过程中，没有经常应用改良品种的选择方法（仅保持品种纯度或根据典型性）选择生活力较强、产量高的植株及其后代。

④生物学混杂并不是降低品种的生物学抵抗力和产量的主要原因，而且往往能提高品种的抵抗力和产量。但品种的机械混杂，及某些时候的生物学混杂

是能降低品种一致性的，可使产品的质量变坏，是引起品退化的重要原因之一。

燕麦虽然是自花授粉作物，但在自花授粉中，天然异交也是存在的，这就是生物学上的混杂。耕作栽培条件与良种的要求不相适应，久而久之，良种的抗逆性和丰产性就会下降。在播种、收获、脱粒、贮藏等过程中，因管理不善、不细，造成不同品种之间的机械混杂，也会使品种纯度降低，抗逆性变弱，产量下降。生产用种的品种混杂，主要是指机械混杂。良种中混进不同作物或不同燕麦品种的种子，如不注意去劣去杂，今年混进一粒杂种，明年杂种就会变为百粒或更多，使品种由纯变杂，甚至完全丧失原品种的丰产特性。

## 二、品种复壮

品种复壮是用优良的种子，定期更新生长中的同一品种种子的制度。这些种子在种性、绝对重量和纯度方面都比生产中必须被更新的种子优良。品种复壮是防止良种在生产过程中退化的有效制度。为了获得更新的优良种子，在良种繁育系统的各个环节中，必须采用下面方法来防止品种退化，并提高其种性。

根据品种退化的原因，在良种繁育过程中，可以采取以下方法来提高种性。由于作物的生长条件和栽培措施是影响品种种性和性状的首要因素，因此，采用任何一种方法时，都必须以适宜的生长条件和优良的农艺措施为基础。

### （一）改变生长条件

由于生长条件的关系而造成品种退化的情况有两种：一是品种生长条件与原来的生长和栽培条件不一致；二是长期生长在同一条件下。

异地繁殖许多作物都证实，同一个品种的种子，只要在不同的生态条件下繁殖一年，它的重要经济性状就会有提高很多。因此，定期更换种子生长条件，可以提高它的适应性和经济性状。改变播种期也是通过改变生长环境提高种性的方法之一。优化栽培措施生产实践证明，通过优良栽培措施得到的种子，有较高的产量和较好的品质，对不良的生长环境有较好的适应性。

### （二）品种内杂交

在同一品种的植株内，采用人工的方法杂交，以提高它的生物学抵抗力和品质，重点在于获得同一品种植株间自由异花授粉产生的种子。

### （三）品种间杂交

为了提高品种生物学抵抗力和改良它的品质，可选用优异性状的、不同的品种，在自由异花授粉的基础上杂交。这样植物能获得更多的生物学上的优异性状。

### （四）人工辅助授粉

人工辅助授粉补充了自由异花授粉的不足，使雌花能得到更多的花粉，扩大选择受精的可能性。这种方法同样可以改进品种的特性，提高产量和品性。

### （五）经常进行植株选择

结合上述方法，经常选择适应强和产量高的植株及其后代以获得最好的效果。因为，同一品种内不同植株的遗传性也存在很大的差异，这些差异性使植株对采用的复壮方法的反应不同，它的后代的生长特性和产量也不一样。在这个过程中，不断选择优良的家系、株系和穗系等，不但促进植株保持强的适应性和产量，并且能在以后各代中累积生物学上和经济上优异的性状，还可以使品种保持一定的品种品质和播种品质。

## 第二节　良种繁育技术

### 一、穗行提纯法

穗行提纯法是一种简单而易行的方法。工作程序是单穗选择—分系比较—混合繁殖。具体做法：燕麦成熟前，组织有经验的老农、技术员到种子田或丰产田，选择具有原品种典型特征和形态的优良单株，数量根据人力、物力情况选择，一般选择100至几百个穗子，在室内复选，进一步淘汰不具备原品种性状的单穗，留下典型单穗分别脱粒保存。

第二年进行种子鉴定。将上一年选好的单穗，每穗种植2行，每隔10行设立1个对照区（原品种）。为了便于田间观察，最好有记录或标记。生育期间必须进行田间鉴定，不断地去杂去劣。在苗期拔出与原品种苗色不一致的杂苗。拔节后，根据各穗行的长相、生长势、抗旱性等进行一次田间评定，淘汰一批不合标准的穗行。抽穗后，鉴定抽穗早晚、有无病虫害等，再淘汰一批不符合标准的穗行。成熟前，组织有经验的老农、技术员等进行田间评定，依据"抽穗整齐、脚底清、秆立、铃重、无病"等丰产长相，对原种的特征、特性进行全面鉴定，选出若干优良穗行。一般穗行入选率应占60%左右。收获后，将入选的优良穗行混合脱粒，成为原种，作为下一年原种田种（原种圃的种子）。原种田用种再经繁殖，收获的种子就被称为原种，作为生产者种子田用种或直接用于大田生产。

按上述程序选优更新、去杂去劣，从选单穗到原种繁殖，需要二年二圃制（即穗行圃和原种圃）。如果把穗行圃选的穗行分别收获脱粒后，再种成穗行系圃，再比较试验一年，从中选出优良的穗系后混合，第二年在种原种圃，则为三年二圃制。二圃制简单易行，原种繁殖快。

## 二、混合选择法

收获前组织有经验的老农、技术员，选择生长健壮、丰产性能好、整齐的田块，进行严格的去杂去劣后，将选择的穗单独收获脱粒，作为下一年生产用种，这种方法叫做片选法。

选穗是在燕麦收获前，从生长整齐的大田地块里或终止田内，选择成熟一致，又具有原品种特征的优良单穗，混合脱粒，作为下一年种子田用种，这叫穗选法。以后都应按此方法在留种田（或大田）内选穗，供下一年种子田繁殖。

## 三、异地换种法

引种是利用外地品种解决当地良种短缺的一项简便而有效的措施，是我国劳动人民多年生产实践中积累的宝贵经验。因为外界条件及生产条件的变更，改变了品种个体发育的过程，或多或少影响了它本身的新陈代谢作用，增大了其内部的矛盾，从而提高了生活力，可以在短期内收到显著效果。如河北省坝上地区，1972 年引入山西省高寒区作物研究所育成的"小 465"，单产比当地品种成倍增长，迅速得到普及。河北尚义县和沽源县在 20 世纪 70 年代初从大同地区引入"雁红 10 号"和"雁红 14"，表现出抗旱、早熟的性状，几年内就成为当地的主干品种。又如内蒙古从山西引入的"雁红 10 号""晋燕 4 号"等，都表现出抗旱、增产的性状，在内蒙古莜麦生产中发挥了较好的增产作用，于 1989 年被内蒙古品种审定委员会认定。但是，多年的实践经验证明，引种是有一定规律的，符合这一规律，引种就会成功；违背了这一规律，引种就不理想，甚至造成失败。从以下几种情况加以说明：

①高海拔地区的品种引向低海拔地区，会出现抽穗提早、植株变矮、病虫害加重、花稍增加，成熟不良或灌浆停滞、青枯等现象。

②低海拔地区的品种引向高海拔地区，会出现抽穗期延迟、生育期加大、成熟推迟等现象。

③纬度和海拔都发生变化，一般可以互相抵消一部分不利影响。如华北品种引至西北地区，虽然纬度变低了，但因海拔升高，因此抽穗期不一定提前。

由此看来，决定引种范围的最主要条件是海拔，其次是纬度。一般低海拔地区不宜到高海拔地区引种，高海拔地区虽然可以到低海拔地区引种，但增产效果不大，不能充分利用其生长季节；高海拔低纬度地区与低海拔高纬度地区，由于相互抵消其不利影响，可以引种，但最为理想的是同海拔、同纬度内的不同地区互相引种，由于其温度和日照变化不太大，品种适应性强，又改变了品种的个体发育过程，提高了生活力，因而能起到明显的增产作用。

根据各地的实践，在引种时要注意以下几点：

①要先进行调查，了解引种地点的气候、栽培技术，并与本地条件比较，再决定引种。

②引种时，应向提供种子的单位说明本地区的自然条件、耕作制度、栽培水平及对品种的要求，以减少盲目性，尽可能使引种获得成功。

③索取材料要有目的性，搞清是从夏莜麦地区还是从秋莜麦地区引种，并记清所引品种的主要特征、特性和栽培要点。

④严格执行先试验后推广的原则，避免因品种不适应环境而造成损失。

⑤注意对病虫害的检疫工作，按国家规定进行检疫。严禁把含检疫对象的品种引入本地。

## 第三节　种子田建立

### 一、种子田的准备

推进我国燕麦产业高质量发展，需要有大量的良种供应。为了保持优良品种的优良特性，避免混杂、退化，必须建立种子田，实行以村供种和统一繁育、统一保管、统一供应的原则，以保障有足够数量和质量的良种供应，充分发挥良种的增产潜力，促进燕麦获得大面积丰产。

怎样建立留种田？首先要加大目前我国常见燕麦品种和有推广前景的燕麦品种的繁育力度。选择地势平坦、排水良好、土质和前茬较好的地块作为种子田。耕作管理要精细，特别在幼苗期和抽穗后，严格进行几次去杂去劣工作。在苗期要早除草、早中耕，将杂草消灭在萌芽时期，抽穗后要清除杂草、异株和异穗等（图8-1）。除去异株、杂株后，燕麦成熟一致、穗形整齐（图8-2）。

在收获时，可根据助推燕麦品种性状进行精细选择，将选出的燕麦混合脱粒，作为第二年村里生产用种。也可以根据其性状进行单穗选择，并单穗脱粒、单独贮藏，作为第二年种子田用种（图8-3）。

图 8-1　在燕麦田中清除异株和异穗

图 8-2　去杂后的燕麦种子田

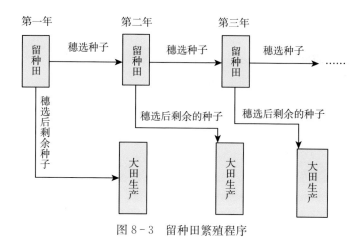

图 8-3 留种田繁殖程序

## 二、良种繁育应注意的事项

燕麦良种繁育的技术特点是根据燕麦良种繁育的任务来决定的，其任务就是生产具有高度品种品质和播种品质的种子，并在繁殖地上获得高额而稳定的产量。因此，在良种繁育中技术特点明显。

### （一）防止优良种种子的混杂

混杂有两类，即机械混杂和生物学混杂。机械混杂是该优良品种种子中混有其他的种子，即同一作物其他品种的种子，形成品种混杂；或其他作物的种子和杂草种子形成种间混杂。品种混杂比种间混杂危险得多，因为一种作物不同品种的种子很难区分，要在田间清除其他品种植株也是很困难的。种间混杂不论在种子中和在田间都比较容易发现，因而比较容易避免。

品种的生物学混杂是由一个品种的植株，接受其他品种或其他作物的花粉而引起的。生物学混杂也可能由某些植株发生退化引起。这两种过程都足以引起该品种的品种纯度、典型性、生产率和产品品质的降低。因此，在良种繁育过程中必须严格防止混杂。

### （二）机械混杂的防止

为防止发生错误和造成机械混杂应注意下列各过程：

①在接收种子和拆除麻袋上的封印时，应仔细检查标签和封印，并核对种子证明文件，选取样本进行检查，以评定种子的真实性及其品种品质和播种品质。

②处理和消毒种子时，要清扫房舍，清洁工具，防止混杂。

③运送种子到田间播种时，也要避免混杂。播种不同品种或不同等级的种子时，播种用具必须清扫和消毒。如用畜力播种，田间饲喂的粮食也必须碾

碎。播种良种的地块上，如有以前的打谷场、堆草的地方和冬季的道路，都应在设计图上注明，以便提前收制，不作为种子用。临近的播种地如有易混杂的作物和品种，应间隔 2～3m，并种上其他作物隔开。

④在生长期要精细地清除杂草、混杂植株和病株。

⑤收获时，先将边上 2～4m 宽的部分割去，该部分收获的燕麦不用作种子。运输草捆的车辆也要扫清，并防止种子散落地上；堆放茎秆的地方和脱粒场最好在同一块地上，但不可在其他作物和品种的留茬地上，也不可靠近播种其他作物的地方。脱粒、筛选后的种子，装入经检查、清洗和消毒过的袋中，必须填好发货单并将发货单一同送到仓库去。如不装在袋中，那么装运的工具必须清扫、消毒。

⑥贮藏室和仓库要经过仔细的消毒和清理，并使每种作物和品种都能单独地隔开贮藏。

⑦种子清洗时，须垫仔细清理过的油布，清选的用具也要仔细地清扫，清选后的种子一定要划分适当的品种等级并分开贮藏。

⑧种子包装和发出时，装入新的或清洗消毒过的袋子中，原种种子要装入双层袋中。袋内附入品种证书，袋口挂上标签和封印。在发货单上要写明作物的名称、品种的名称、第几次繁殖和等级。

⑨原种种子一定要装在袋内单独贮藏。其他各级种子，也要有各自单独、固定的贮藏场所，并加强贮藏室的管理工作。

（三）生物学混杂的防止

燕麦虽然为自花授粉植物，但也存在一定的异交率。防止生物学混杂的方法是对异花传粉作物进行空间隔离，以保证该品种的典型性或代表性。因此，原种田和留种田不应和大田燕麦相邻种植，以防止生物学混杂。但当燕麦品种生物学上的利益和经济利益相符合时，品种间的异花传粉不仅可以改善它的种性也可以提高产量，这样就不需要空间隔离。

燕麦品种空间隔离的远近取决于品种的传粉特性，也取决于临近异品种播种面积的大小，播种面积越大，所产生的花粉越多，空间隔离就应该越大。此外，若在花粉传播的空间中有树林、建筑物等障碍物，隔离的距离可以相应缩小，甚至不必隔离；开花时的风向、风力以及开花时期是否一致，与空间隔离的远近和是否需要隔离都有关系，如果开花时的风向和风力不能使其他品种花粉到达良种繁殖的田中，或者其他品种的开花期与良种的开花期不一致，就不需要空间隔高。一般燕麦采用空间隔离的距离为 100～200m。

## 三、栽培管理

繁育良种时，在栽培管理方面必须比一般大田生产更精细和优越，原则上要使燕麦有充分良好的生长发育的环境和条件，其中应特别注意下列几点：

①土地肥沃，尽可能及时灌溉排水。

②种子必须经过有效的精选和处理，以提高种子品质。

③播种密度要比大田适当放稀，并且要均匀播种或均匀移栽。

④多施基肥，适时追肥，增施磷、钾肥料。

⑤作为种子田用的种子要精细选择，提高播种质量，密度要比一般大田燕麦稀疏一些，保证单株有充分的营养面积；要施足底肥，适当增施磷、钾肥，及时中耕除草，做好去杂去劣工作，及时防治病虫害（图8-4）。还必须进行人工辅助授粉，一般在开花期内应该重复数次人工辅助授粉。

图8-4　检查种子田病虫与杂株

## 四、提高繁殖系数

加速繁殖在良种繁育的工作中也是非常必要的措施。它对大量推广新划定适应区域品种和稀有品种，以及生产原种种子有着重大意义。必须采取一切方法，使种子材料完全利用于播种，并且使它的繁殖系数达到最高限度。提高繁殖系数的措施，燕麦一般采用宽行稀播或穴播，并加强田间管理，如行间松土、增施肥料、合理灌溉等，以提高种子的繁殖系数。

## 五、种子检验

种子检验是保证种子实现标准化的技术措施。搞好种子检验对防止危险病、虫和杂草的传播，保证农业生产的高产和稳产有重要意义。在种子检验时，应采取统一的标准和操作方法以及同一规格的仪器进行，以便保证鉴定结果相互比较的准确性。

### （一）田间检验

由于燕麦各品种的种子，在外表上有很多相似的地方，因此仅用种子来辨别各个品种是有一定限度的。所以，检查品种品质必须在作物收获前进行田间检定。田间检定能保证农作物播种的种子，在品种品质方面符合标准，而且是鉴定品种品质最主要的方法。田间检验主要采取目测法，对品种和生育状况、品种纯度，抗病虫害、抗杂草等情况进行鉴别。

**1. 生育状况**

在幼苗期、抽穗期及蜡熟期，依植株整齐度、生长势等方面的表现，来评定生育状况的等级。

**2. 品种纯度**

在每次拔除杂株前，依品种的植株形态与特征，鉴定其纯度。根据地块状况，采取对角线定点的方式检查，每个点取一平方尺（1 108.89cm² ）调查，计算出杂株的百分率。但应以收获前的杂株率为主。

品种纯度＝（供检总株数－混杂晶种株数）/供检总株数×100％

**3. 病虫害**

每次拔除受害株以前（受害株指不能做种子用的病虫株；能作种子用的病虫株只调查病虫株数，不拔除），取样调查主要病虫害的发病率、虫害率以及受害程度等。

（二）室内检验

在实验室中测定种子的真实性是检查品种品质的方法之一，可以按照种子及种子发芽后的内外特征来确定真实性。在某些作物上可用物理、化学方法测定。这类方法的优点在于对种子的检验在任何时间都可进行，且在短期内便可得出结果，费用也低，但它只能在部分作物上推广应用而且结果也是不全面的。室内检验，主要检验种子含水量、发芽力、净度、病虫害等方面的内容。根据检验项目的需要，一般在种子入库前、贮藏中及播种前，进行3次检验工作，以确定种子能否播种及其等级。几个主要检验项目的做法如下。

**1. 取样规则**

选取平均样品是评定种子播种品质的最重要工作之一。因此，除由检验技术人员主持外，同时还必须有仓库管理员和行政负责人参加。取样数量依作物不同而不同。在选取平均样品时，要检验注明种子品种品质、原产地和收获年代的证件，并检查它的贮存条件是否足以保证该批种子的品种品质和播种品质。取样时，不论散装或袋装，一定要保证各层代表点都取到，取得的样品数量很多时，应从中再取得"平均样品"，其数量也依作物种类不同而不同。

用来检定水分含量的样品，应放在密闭的玻璃瓶中，其他可放在袋中。在瓶或袋的内外应有标签，注明作物品种名称、纯度、等级、收获年份、所代表的那批种子的重量、产场的名称及地点，样品用于何种分析，取样者的姓名、职别及选择样品的说明书等。注明后送种子检验室检查。种子检验室收到样品后，首先检查样品包装是否完整，再检查标签及选择样品说明书，然后过秤登记，最后把样品送往分析地点。

**2. 种子净度检验**

种子净度也叫清洁率，是指从样品中去掉杂质和废种子后，留下本品种健全种子占样品总重量的百分比。在测定种子清洁度时，所用种子数量依品种而定，分析样品应分为纯种子及废物（包括没有种胚或粒小瘦弱的，有生命杂物如杂草及其他栽培植物种子，无生命杂物如土块、石块、砂子等）两部分。一般检验两次，求其平均值。

种子净度＝［样品总重量－（废种子重量＋杂物质重量）］/样品总重量×100％

**3. 千粒重的测定**

绝对重量即千粒重，随意取清洁种子1 000粒，不加挑选，称重并以克为单位记录，该重就是绝对重量。

**4. 种子含水量的检验**

种子含水量与种子安全贮藏和保持发芽力有很大关系。因此，在种子入库前必须测定其含水量。取有代表性的样品50g磨碎，从中分取两个5g样品，分放于两个称量瓶中，在105℃干燥箱中烘烤，直至恒重时称其重量。计算公式如下：

种子含水率＝（烘前重量－烘干后重量）×100％

两次样品相差不得超过0.5％。否则应重新测量。种子含水量还可以用种子水分测定仪测试。

**5. 种子发芽率的检验**

选取有代表性的种子100粒，放入瓷盘或玻璃皿内，置于温暖的地方，注意温度并适当加水，经过7d后，计算发芽率，每次检验均应设重复两次，求其平均值。

发芽率＝全部发芽种子数/供试种子数×100％

种子经以上各项检验后，可对这批种子作出总评价，用于说明种子使用价值的大小。被检验样品中好种子和发芽种子的百分率称为种子用价。其计算公式为：

种子用价（％）＝（种子净度－种子发芽率）/100。

**6. 病虫害感染性的检查**

按照种子大小选取样品，检验其中的虫粒和病粒数目，重复1次，并计算它的百分率。

参考文献
REFERENCES

郑樵，1991. 尔雅郑注［M］．北京：中华书局．

赵时春，1999. 平凉府志［M］．兰州：甘肃人民出版社．

赵廷瑞，马理，吕柟，2006. 陕西通志［M］．西安：三秦出版社．

李维祯，1996. 山西通志［M］．北京：中华书局．

朱橚，1987. 救荒本草［M］．上海：上海古籍出版社．

陈元龙，1989. 格致镜原（上下影印版）［M］．扬州：广陵古籍刻印社．

鄂尔泰，1995. 授时通考校注［M］．马宗申，校注．北京：中国农业出版社．

鄂尔泰，2007. 云南通志［M］．昆明：南人民出版社．

平翰，郑珍，1986. 遵义府志［M］．上海：古籍出版社．

吴其濬，1963. 植物名实图考［M］．北京：中华书局．

黄彭年，1985. 畿辅通志［M］．石家庄：河北人民出版社．

鄂尔泰，张廷玉，2000. 钦定授时通考［M］．长春：吉林出版集团．

靖道谟，鄂尔泰，2008. 贵州通志［M］．上海：上海古籍出版社．

朱鼎臣，2014. 郫县志［M］．北京：方志出版社．

张曾，2007. 归绥识略［M］．呼和浩特：内蒙古人民出版社．

柳茜，孙启忠，2018. 攀西饲草［M］．北京：气象出版社．

柳茜，孙启忠，2019. 凉山一年生饲草［M］．北京：中国农业科学技术出版社．

柳茜，孙启忠，卢寰宗，等，2017. 冬闲田不同燕麦品种生产性能的初步分析［J］．中国
　　奶牛（10）：51-53.

柳茜，孙启忠，杨万春，等，2019. 攀西地区冬闲田种植晚熟型燕麦的最佳刈割期研究
　　［J］．中国奶牛（1）：3-5.

柳茜，孙启忠，乔雪峰，等，2019. 6个燕麦品种在攀西地区生产性能比较［J］．草业与
　　畜牧（3）：38-43.

柳茜，傅平，敖学成，等，2016. 冬闲田多花黑麦草＋光叶紫花苕混播草地生产性能与种
　　间竞争的研究［J］．草地学报（1）：42-46.

柳茜，傅平，苏茂，等，2015. 不同氮肥基施对多花黑麦草产量的影响 ［J］. 草业与畜牧，
 3：18-20.

徐丽君，唐华俊，饶彦章，等，2022. 乌蒙山燕麦 ［M］. 北京：中国农业科学技术出版社.

徐丽君，柳茜，肖石良，等，2020. 乌蒙山区春闲田粮草轮作燕麦的生产性能 ［J］. 草业
 科学，37（3）：514-521.

杨文宪，2006. 莜麦新品种与高产栽培技术 ［M］. 太原：山西人民出版社.

中等农业学校选种和良种繁育学教科书编辑委员会，1957. 选种和良种繁育学 ［M］. 北
 京：财政经济出版社.

斯密尔诺夫，1955. 作物栽培学 ［M］. 陈恺元，董而雍，译. 北京：财政经济出版社.

伊万诺夫，西卓夫，1953. 大田作物育种与种子繁育学 ［M］. 东北农学院，译. 北京：中
 华书局.

于景让，1972. 栽培植物考：第二集 ［M］. 台北：艺文印书馆.

李小强，周新郢，周杰，等，2007. 甘肃天水西山坪遗址生物指标记录的中国最早的农业
 多样化 ［J］. 中国科学（D辑：地球科学），7：80-86.

贾鑫，2012. 青海省东北部地区新石器—青铜时代文化演化过程与植物遗存研究 ［D］. 兰
 州：兰州大学.

李璠，1979. 生物史：第五分册 ［M］. 北京：科学出版社.

李璠，1984. 中国栽培植物发展史 ［M］. 北京：科学出版社.

佚名，2014. 尔雅 ［M］. 管锡华，译注. 北京：中华书局.

王建光，2018. 牧草饲料作物栽培学 ［M］. 2版. 北京：中国农业出版社.

韩建国，韩津琳，毛培胜，1998. 农闲地种草养畜技术：黄土高原篇 ［M］. 北京：中国农
 业科技出版社.

王栋，1956. 牧草学各论 ［M］. 南京：畜牧兽医图书出版社.

王启柱，1975. 饲用作物学 ［M］. 台北：中正书局.

韩建国，孙启忠，马春晖，2004. 农牧交错带农牧业可持续发展技术 ［M］. 北京：化学工
 业出版社.

孙启忠，韩建国，卫智军，2006. 沙地植被恢复与利用技术 ［M］. 北京：化学工业出版社.

孙醒东，1951. 中国食用作物 ［M］. 上海：中华书局.

孙醒东，1954. 重要牧草栽培 ［M］. 北京：科学出版社.

陆军经理学校，1911. 牧草图谱 ［M］. 东京：滨田活版所.

胡先骕，1953. 经济植物学 ［M］. 上海：中华书局.

胡先骕，孙醒东，1955. 国产牧草 ［M］. 北京：科学出版社.

崔友文，1953. 华北经济植物志要 ［M］. 北京：科学出版社.

崔友文，1959. 中国北部和西北部重要饲料作物和毒害植物 ［M］. 北京：高等教育出版社.

于德源，2014. 北京农史 ［M］. 北京：人民出版社.

北洋政府设馆，1980. 清史稿［M］. 北京：中华书局.

德康多尔，1940. 农艺植物考源［M］. 俞德浚，蔡希陶，译. 上海：商务印书馆.

H.й. 瓦维洛夫瓦维洛夫，1982. 主要栽培植物的世界起源中心［M］. 董玉琛，译. 北京：
　中国农业出版社.

**图书在版编目（CIP）数据**

燕麦栽培技术 / 陶雅等著 . —北京：中国农业出版社，2022.3

（饲草产业高质量发展轻简技术丛书）

ISBN 978-7-109-29193-5

Ⅰ．①燕… Ⅱ．①陶… Ⅲ．①燕麦－栽培技术 Ⅳ．①S512.6

中国版本图书馆 CIP 数据核字（2022）第 039455 号

中国农业出版社出版

地址：北京市朝阳区麦子店街 18 号楼
邮编：100125
责任编辑：刁乾超　　文字编辑：黄璟冰
版式设计：李　文　　责任校对：沙凯霖
印刷：中农印务有限公司
版次：2022 年 3 月第 1 版
印次：2022 年 3 月北京第 1 次印刷
发行：新华书店北京发行所
开本：700mm×1000mm　1/16
印张：10.25
字数：300 千字
定价：68.00 元